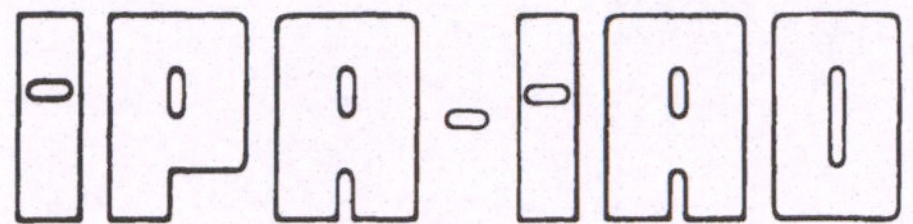

Forschung und Praxis

Band 200

Berichte aus dem
Fraunhofer-Institut für Produktionstechnik
und Automatisierung (IPA), Stuttgart,
Fraunhofer-Institut für Arbeitswirtschaft
und Organisation (IAO), Stuttgart,
Institut für Industrielle Fertigung und
Fabrikbetrieb der Universität Stuttgart und
Institut für Arbeitswissenschaft und
Technologiemanagement, Universität Stuttgart

Herausgeber: H.J. Warnecke und H.-J. Bullinger

Robert Müller

Verfahren zur Bewertung von Auftrags-Durchlaufzeiten in den indirekt-produktiven Bereichen von Maschinenbau-Unternehmen

Mit 32 Abbildungen

Springer-Verlag
Berlin Heidelberg New York
London Paris Tokyo
Hong Kong Barcelona
Budapest 1994

Dipl.-Inform. Robert Müller

Fraunhofer-Institut für Arbeitswirtschaft und Organisation (IAO), Stuttgart

Prof. Dr.-Ing. Dr. h. c. Dr.-Ing. E. h. H. J. Warnecke

o. Professor an der Universität Stuttgart
Fraunhofer-Institut für Produktionstechnik und Automatisierung (IPA), Stuttgart

Prof. Dr.-Ing. habil. Dr. h. c. H.-J. Bullinger

o. Professor an der Universität Stuttgart
Fraunhofer-Institut für Arbeitswirtschaft und Organisation (IAO), Stuttgart

D 93

ISBN-13: 978-3-540-58478-0   e-ISBN-13: 978-3-642-47958-8
DOI: 10.1007/978-3-642-47958-8

Gesamtherstellung: Copydruck GmbH, Heimsheim
SPIN 10481020   62/3020 – 6 5 4 3 2 1 0

Geleitwort der Herausgeber

Über den Erfolg und das Bestehen von Unternehmen in einer markt-
wirtschaftlichen Ordnung entscheidet letztendlich der Absatzmarkt.
Das bedeutet, möglichst frühzeitig absatzmarktorientierte Anforderungen sowie deren Veränderungen zu erkennen und darauf zu reagieren.

Neue Technologien und Werkstoffe ermöglichen neue Produkte und er-
öffnen neue Märkte. Die neuen Produktions- und Informationstechno-
logien verwandeln signifikant und nachhaltig unsere industrielle
Arbeitswelt. Politische und gesellschaftliche Veränderungen signa-
lisieren und begleiten dabei einen Wertewandel, der auch in unse-
ren Industriebetrieben deutlichen Niederschlag findet.

Die Aufgaben des Produktionsmanagements sind vielfältiger und an-
spruchsvoller geworden. Die Integration des europäischen Marktes,
die Globalisierung vieler Industrien, die zunehmende Innovations-
geschwindigkeit, die Entwicklung zur Freizeitgesellschaft und die
übergreifenden ökologischen und sozialen Probleme, zu deren Lösung
die Wirtschaft ihren Beitrag leisten muß, erfordern von den Führungskräften erweiterte Perspektiven und Antworten, die über den
Fokus traditionellen Produktionsmanagements deutlich hinausgehen.

Neue Formen der Arbeitsorganisation im indirekten und direkten
Bereich sind heute schon feste Bestandteile innovativer Unternehmen. Die Entkopplung der Arbeitszeit von der Betriebszeit, integrierte Planungsansätze sowie der Aufbau dezentraler Strukturen
sind nur einige der Konzepte, die die aktuellen Entwicklungsrich-
tungen kennzeichnen. Erfreulich ist der Trend, immer mehr den Men-
schen in den Mittelpunkt der Arbeitsgestaltung zu stellen - die
traditionell eher technokratisch akzentuierten Ansätze weichen einer stärkeren Human- und Organisationsorientierung. Qualifizie-
rungsprogramme, Training und andere Formen der Mitarbeiterent-
wicklung gewinnen als Differenzierungsmerkmal und als Zukunftsin-
vestition in *Human Recources* an strategischer Bedeutung.

Von wissenschaftlicher Seite muß dieses Bemühen durch die Entwicklung von Methoden und Vorgehensweisen zur systematischen
Analyse und Verbesserung des Systems Produktionsbetrieb einschließlich der erforderlichen Dienstleistungsfunktionen unterstützt werden. Die Ingenieure sind hier gefordert, in enger Zusammenarbeit mit anderen Disziplinen, z.B. der Informatik, der Wirt-
schaftswissenschaften und der Arbeitswissenschaft, Lösungen zu er-
arbeiten, die den veränderten Randbedingungen Rechnung tragen.

Die von den Herausgebern geleiteten Institute, das

- Institut für Industrielle Fertigung und Fabrikbetrieb der
  Universität Stuttgart (IFF),

- Institut für Arbeitswissenschaft und Technologiemanagement (IAT)

- Fraunhofer-Institut für Produktionstechnik und Automatisierung
  (IPA),

- Fraunhofer-Institut für Arbeitswirtschaft und Organisation (IAO)

arbeiten in grundlegender und angewandter Forschung intensiv an
den oben aufgezeigten Entwicklungen mit. Die Ausstattung der
Labors und die Qualifikation der Mitarbeiter haben bereits in der
Vergangenheit zu Forschungsergebnissen geführt, die für die Praxis
von großem Wert waren. Zur Umsetzung gewonnener Erkenntnisse wird
die Schriftenreihe "IPA-IAO - Forschung und Praxis" herausgegeben.
Der vorliegende Band setzt diese Reihe fort. Eine Übersicht über
bisher erschienene Titel wird am Schluß dieses Buches gegeben.

Dem Verfasser sei für die geleistete Arbeit gedankt, dem Springer-
Verlag für die Aufnahme dieser Schriftenreihe in seine Angebots-
palette und der Druckerei für saubere und zügige Ausführung. Möge
das Buch von der Fachwelt gut aufgenommen werden.

               H.J. Warnecke   H.-J. Bullinger

Vorwort des Autors

Die vorliegende Arbeit entstand während meiner Tätigkeit als wissenschaftlicher Mitarbeiter am Fraunhofer-Institut für Arbeitswirtschaft und Organisation (IAO) in Stuttgart.

Herrn Prof. Dr.-Ing. habil. H.-J. Bullinger, Leiter des Instituts für Arbeitswissenschaft und Technologiemanagement (IAT) der Universität Stuttgart und des Fraunhofer-Instituts für Arbeitswirtschaft und Organisation (IAO), gilt für die wissenschaftliche Unterstützung und wohlwollende Förderung dieser Arbeit mein herzlicher Dank.

Herrn Prof. Dr.-Ing. H.-J. Warnecke, Präsident der Fraunhofer-Gesellschaft und Leiter des Instituts für Industrielle Fertigung und Fabrikbetrieb (IFF) der Universität Stuttgart, danke ich für die Übernahme des Mitberichts, die eingehende Durchsicht der Arbeit und die sich daraus ergebenden Anregungen.

Aus dem großen Kreis der Kollegen am Institut, die mich durch ihre Mitarbeit und anregende Kritik unterstützt haben, möchte ich Herrn Dr.-Ing. Helmut Schaal und Herrn Dipl.-Ing. Jan Fuhrberg-Baumann besonders erwähnen. Ihnen und allen Kollegen gilt mein herzlicher Dank.

Mein besonderer Dank gilt an dieser Stelle meiner Frau Adelinde sowie meinen Söhnen Julian und Manuel, die mit großer Geduld die Belastungen des Promotionsverfahrens mitgetragen haben. Das Verständnis und die Unterstützung meiner Familie hat wesentlich zum Gelingen dieser Arbeit beigetragen.

Stuttgart, 25. Juni 1994   Robert Müller

Inhaltsverzeichnis

0 Abkürzungsverzeichnis

0.1 Allgemeine Abkürzungen

Zeichen	Bedeutung
AV	Arbeitsvorbereitung
B	Tätigkeitsklasse Bearbeitungszeit
BDE	Betriebsdatenerfassung
bzw.	beziehungsweise
CAD	Computer Aided Design
d.h.	das heißt
DM	Deutsche Mark
E	Baureihe "E" (Fallbeispiel)
EDV	Elektronische Datenverarbeitung
etc.	et cetera
H	Baureihe "H" (Fallbeispiel)
Min	Minuten
Mio	Millionen
PC	Personal Computer
PPS	Produktionsplanungs- und Steuerungssystem
REFA	Verband für Arbeitsstudien
SADT	Structured Analysis and Design Technique
T	Tätigkeitsklasse Transformationszeit
u.a.	unter anderem
u.U.	unter Umständen
VDMA	Verband Deutscher Maschinen- und Anlagenbau
vgl.	vergleiche
z.B.	zum Beispiel

0.2   Abkürzungen im Rechenmodell

Zeichen	Einheit	Bedeutung
A_z		Auftrag z
B		Tätigkeitsklasse für wertsteigernde Einwirkung auf einen Auftrag an einer Arbeitsstation
g, h, i, j, k		Zählvariablen für Arbeitsstationen
κ	DM	Monetäres Durchlaufzeit-Potential im gesamten Untersuchungsbereich
κ_Z	DM	Monetäres Durchlaufzeit-Potential der repräsentativen Auftragsgruppe Z
$\kappa_{b;Z}$	DM	Durchlaufzeit-Potential der b.-ten Bezugsgrößenhierarchie
k_{S_i}	DM	An der Arbeitsstation S_i entstehende Kosten
$K(S_i)$	DM	Kostenauflauf nach Beendigung der Einwirkung der Arbeitsstation S_i
$K_{X_{P;Z}}(i)$	DM	Kostenauflauf nach Beendigung der Einwirkung der Arbeitsstation i im Prozeßpfad P der Auftragsgruppe Z, der vom Durchlaufzeit-Bestandteil X verursacht wird
$K_{X;Y_{i;P;Z}}$	DM•Zeit	An der Arbeitsstation i im Prozeßpfad P vom Durchlaufzeit-Bestandteil X für den Kostenauflauf der Durchlaufzeit-Klasse Y und einen Auftrag der Gruppe Z gebundenes Kapital
k_{P_i}	DM/Tag	Der Einwirkzeit t_{EW_i} an der Arbeitsstation i direkt zurechenbare Personalkosten

Zeichen	Einheit	Bedeutung
$k_{X_{i;Z}}$	DM	An der Arbeitsstation i dem Durchlaufzeit-Bestandteil X direkt zurechenbare Personalkosten für einen Auftrag der Gruppe Z
$k_{X;Y_{i;P;Z}}$	DM	Kapitalbindungskosten für $K_{X;Y_{i;P;Z}}$
l		Zählvariable für Tage
L_Z		Zählvariable für die letzte Arbeitsstation im Auftragsdurchlauf der Auftragsgruppe Z
$M_{i;l}$		Anzahl der zur Verfügung stehenden Mitarbeiter der Arbeitsstation i am Tag l
N		Gesamtzahl der Aufträge im Untersuchungszeitraum und -bereich
N_i		Anzahl der Aufträge, auf die an der Arbeitsstation i während des Untersuchungszeitraums eingewirkt wurde
$N_{i;l}$		Anzahl der Aufträge, auf die an der Arbeitsstation i am Tag l eingewirkt wurde
$N_{i;P;Z}$		Menge der Arbeitsstationen, die der Station i im Prozeßpfad P der Auftragsgruppe Z nachgelagert sind
N_Z		Anzahl der Aufträge der Auftragsgruppe Z, die durchschnittlich im Betrachtungszeitraum eingehen
n		Gesamtzahl der Arbeitsstationen im Untersuchungsbereich
n_{AT}		Anzahl der Arbeitstage im Betriebskalender
q_{BK}	%	Mit Hilfe des Korrekturfaktors auf den Betriebskalender umgerechneter kalkulatorischer Zinssatz

Zeichen	Einheit	Bedeutung
q_{JK}	%	Auf dem Jahreskalender basierender kalkulatorischer Zinssatz der Buchhaltung
p_i	%	Nebendurchführungszeitfaktor der Arbeitsstation i
S_i		Arbeitsstation i
T		Tätigkeitsklasse für wertneutrale Einwirkung auf einen Auftrag an einer Arbeitsstation
$T_{A_{i;z}}$	Tag	Ausgangsdatum des Auftrags z an Arbeitsstation i
t_{A_i}	Tag	Abstimmungszeit an Arbeitsstation i
$T_{B_{i;z}}$	Tag	Bearbeitungsbeginn des Auftrags z an Arbeitsstation i
t_{B_i}	Tag	Bearbeitungszeit an Arbeitsstation i
$t_{B_{i;z}}$	Tag	Bearbeitungszeit des Auftrags z an Arbeitsstation i
T_{Beginn}	Tag	Zeitpunkt, an dem Durchlaufzeituntersuchung beginnt
$t_{D_{h;i}}$	Tag	Durchlaufzeit an Arbeitsstation i und Schnittstellenübergang zwischen h und i
$t_{D_{h;i;z}}$	Tag	Durchlaufzeit des Auftrags z an Arbeitsstation i und Schnittstellenübergang zwischen h und i
$t_{D_{h;i;Z}}$	Tag	Durchschnittliche Durchlaufzeit der Aufträge aus der Auftragsgruppe Z an Arbeitsstation i und Schnittstellenübergang zwischen h und i
t_{DA_i}	Tag	Durchlaufzeitanteil für Doppelarbeit an Arbeitsstation i
$T_{E_{i;z}}$	Tag	Eingangsdatum des Auftrags z an Arbeitsstation i
t_{E_i}	Tag	Einarbeitungszeit an Arbeitsstation i
T_{Ende}	Tag	Zeitpunkt, an dem die Durchlaufzeituntersuchung endet
$t_{EW_{i;z}}$	Tag	Einwirkzeit auf den Auftrag z an Arbeitsstation i

Zeichen	Einheit	Bedeutung
$t_{EW_{i;Z}}$	Tag	Durchschnittliche Einwirkzeit auf Aufträge der Auftragsgruppe Z an Arbeitsstation i
$t_{EWmax_{i;z}}$	Tag	Maximal mögliche Einwirkzeit auf den Auftrag z an Arbeitsstation i
$t_{EWtheor_{i;z}}$	Tag	Theoretisch mögliche Einwirkzeit auf den Auftrag z an Arbeitsstation i
t_{IB_i}	Tag	Durchlaufzeitanteil für Informationsbeschaffung (Rückfragen) an Arbeitsstation i
t_{HD_i}	Tag	Hauptdurchführungszeit an Arbeitsstation i
$t_{HD_{i;Z}}$	Tag	Durchschnittliche Hauptdurchführungszeit der Auftragsgruppe Z an Arbeitsstation i
$t_{L_{h;i}}$	Tag	Liegezeit beim Schnittstellenübergang zwischen Arbeitsstation h und i
$t_{L_{h;i;z}}$	Tag	Liegezeit des Auftrags z beim Schnittstellenübergang zwischen Arbeitsstation h und i
$t_{L_{h;i;Z}}$	Tag	Durchschnittliche Liegezeit der Auftragsgruppe Z beim Schnittstellenübergang zwischen Arbeitsstation h und i
t_{ND_i}	Tag	Nebendurchführungszeit an Arbeitsstation i
$t_{ND_{i;Z}}$	Tag	Durchschnittliche Nebendurchführungszeit der Auftragsgruppe Z an Arbeitsstation i
$t_{NL_{h;i}}$	Tag	Nachliegezeit an Arbeitsstation i beim Schnittstellenübergang zwischen Arbeitsstation h und i
t_{R_i}	Tag	Rüstzeit an Arbeitsstation i

Zeichen	Einheit	Bedeutung
t_{SL_i}	Tag	Störungsbedingte Liegezeit an Arbeitsstation i
t_{T_i}	Tag	Transformationszeit an Arbeitsstation i
$t_{T_{i;z}}$	Tag	Transformationszeit des Auftrags z an Arbeitsstation i
$t_{TR_{h;i}}$	Tag	Transportzeit beim Schnittstellenübergang zwischen Arbeitsstation h und i
$t_{VL_{h;i}}$	Tag	Vorliegezeit an Arbeitsstation i beim Schnittstellenübergang zwischen Arbeitsstation h und i
t_{WNK_i}	Tag	Wertneutrale Kontrollzeit an Arbeitsstation i
t_{WSK_i}	Tag	Wertsteigernde Kontrollzeit an Arbeitsstation i
t_{WNT_i}	Tag	Wertneutrale Transformationszeit an Arbeitsstation i
$V_{i;P;Z}$		Menge der direkt der Arbeitsstation i vorgelagerten Stationen im Prozeßpfad P der Auftragsgruppe Z
w_n	%	Wahrscheinlichkeit, daß ein Auftrag im betrachteten Prozeßpfad von der Station n bearbeitet wird
w'_n	%	Relative Wahrscheinlichkeit, daß ein Auftrag den betrachteten Prozeßpfad mit der Station n durchläuft
$w_{i;P;Z}$	%	Wahrscheinlichkeit, daß ein Auftrag der Gruppe Z den Weg i im Prozeßpfad P nimmt
X, Y		Platzhalter für Durchlaufzeitklassen
Z		Zählvariable für repräsentative Auftragsgruppen
z		Zählvariable für einzelne Aufträge
$\forall$		"für alle"
$\in$		"Element von"
$\emptyset$		"leere Menge"

0.3   Abkürzungen im Literaturverzeichnis

Zeichen	Bedeutung
AFW	Arbeitsausschuß Fertigungswirtschaft
AWF	Ausschuß für wirtschaftliche Fertigung
CW	Computer-Woche
DGfB	Deutsche Gesellschaft für Betriebswirtschaft
FB/IE	Fortschrittliche Betriebsführung und Industrial Engineering
FhG	Fraunhofer-Gesellschaft zur Förderung der angewandten Forschung
Hrsg.	Herausgeber
IAO	Fraunhofer-Institut für Arbeitswirtschaft und Organisation
KRP	Kostenrechnungspraxis
LMU	Ludwig-Maximilian-Universität München
RWTH	Rheinisch-Westfälische Technische Hochschule
TU	Technische Universität
TÜV	Technischer Überwachungsverein
VDI	Verein Deutscher Ingenieure
VDI-Z	Zeitschrift des Vereins Deutscher Ingenieure für integrierte Produktionstechnik
wt	Werkstattstechnik
WZL	Laboratorium für Werkzeugmaschinen und Betriebslehre der Rheinisch-Westfälischen Technischen Hochschule Aachen
ZfA	Zeitschrift für Arbeitswissenschaft
zfo	Zeitschrift Führung + Organisation
ZwF	Zeitschrift für wirtschaftliche Fertigung

1   Einleitung

Der in den letzten Jahren vollzogene Übergang vom Verkäufer- zum Käufermarkt zwingt viele Unternehmen des Maschinen- und Anlagenbaus ihre strategische Ausrichtung zu überdenken. Indikatoren des Wandlungsprozesses sind wachsende Forderungen der Kunden nach kundenspezifischen Lösungen, komplexen Produkten und hoher Qualität bei kurzen Lieferzeiten, hoher Termintreue und niedrigen Preisen /1/. Um in dem geänderten Umfeld bestehen zu können, müssen sich die Unternehmen dem Käuferverhalten anpassen /2/.

Die in der Vergangenheit nach rein funktionalen Grundsätzen gestalteten Organisationsstrukturen in den technisch indirekt-produktiven Bereichen verursachen durch Trennung der einzelnen Fachbereiche - wie Vertrieb, Konstruktion, Produktion und Materialwirtschaft - eine Vielzahl von Schnittstellen im Auftragsdurchlauf bei einem geringen Auftrags- und Kundenbezug. Steigerungen der Auftragskomplexität und -flexibilität können nur durch die Bereitstellung zusätzlicher Kapazitäten im Unternehmen erreicht werden. Der Preisdruck vom Markt fordert deshalb Strategien, die neben einer Flexibilisierung geringere Kosten verursachen, die Lagerbestände senken und eine hohe Qualität der Produkte sicherstellen.

Die Einführung ganzheitlicher Strukturen in allen Auftragsabwicklungs-Bereichen mit überschaubaren, dezentralen und eigenverantwortlichen Einheiten bietet vielen Unternehmen die Möglichkeit, das gewünschte Ziel einer verbesserten Lieferbereitschaft bei verkürzten Durchlaufzeiten und reduzierten Beständen zu erreichen. Hierzu muß die Anfragen- und Auftragsbearbeitung von der Angebotserstellung bis zur Auslieferung in ihrer Aufbau- und Ablauforganisation konsequent auf die Bearbeitung der Kundenaufträge ausgerichtet sein /3/.

Ziel der vorliegenden Arbeit ist es, den Strukturwandel in der Anfragen- und Auftragsbearbeitung des Maschinen- und Anlagenbaus zu unterstützen. Die Arbeit beschreibt ein Verfahren, das die Quantifizierung von durchlaufzeitbedingten Strukturkosten in den technisch indirekt-produktiven Bereichen unterstützt. Durch den Einsatz des Verfahrens sollen Rationalisierungspotentiale aufgezeigt werden, die durch Strukturierungsmaßnahmen erschlossen werden können.

Das Verfahren erleichtert damit auch die Planung neuer Organisationsstrukturen. Durch Aufbereitung von Kostenpotentialen unterschiedlicher Organisationsstrukturen wird die Entscheidungsfindung während des Planungsprozesses erheblich verbessert. Aus der Fülle möglicher Organisationsstrukturen kann er so die wirtschaftlich günstigste Alternative auswählen.

Ein weiteres Einsatzgebiet des Verfahrens ist die Überprüfung, ob mit einer umgesetzten Strukturierungsmaßnahme auch die geplanten Ziele erreicht wurden. Durch einen Soll-Ist-Vergleich der vor und nach der Umstrukturierung ermittelten Strukturkostenpotentiale ist so ein wirkungsvolles Controlling der Organisationsstrukturierung möglich.

2 Aufgabenstellung

2.1 Begriffsbestimmung

Im folgenden wird eine Übersicht über Begriffe gegeben, die für das Verständnis dieser Arbeit von grundlegender Bedeutung sind. Weitere Begriffsbestimmungen erfolgen in späteren Abschnitten bei ihrer erstmaligen Verwendung.

2.1.1 Zum Begriff "technisch indirekt-produktive Bereiche"

Die technisch indirekt-produktiven Bereiche sind im Auftragsbearbeitungsprozeß der Produktion vorgelagert. Es sind dies im wesentlichen die Fachbereiche Vertrieb, Konstruktion, Materialwirtschaft und Teile der Arbeitsvorbereitung. Sie bearbeiten den Kundenauftrag von der Angebotserstellung bis zur vollständigen Auftragsklärung.

Nicht zu den technisch indirekt-produktiven Bereichen gehören in dieser Arbeit alle Funktionen der Arbeitsvorbereitung, deren primäre Aufgabe die Terminierung und Verwaltung einzelner Werkstattaufträge ist.

Zur Vereinfachung der Bezeichnung wird im weiteren Verlauf der Arbeit nur der abgekürzte Begriff "indirekte Bereiche" verwendet. Die Produktion wird analog dazu als "direkter Bereich" bezeichnet.

2.1.2 Zum Begriff "Strukturkosten"

Strukturkosten entstehen durch arbeitsteilige Auftragsbearbeitungsprozesse. Sie quantifizieren in Form von Kostenpotentialen die Reibungsverluste bei der Zusammenarbeit mehrerer Bearbeitungsstationen. Strukturkosten beinhalten Kosten für Kapitalbindung, Informationsverluste und Doppelarbeiten, die sich aus der detaillierten Betrachtung von Durchlaufzeiten in den technisch indirekt-produktiven Bereichen ableiten lassen /4/.

2.1.3 Zum Begriff "Durchlaufzeit"

Mit dem Begriff "Durchlaufzeit" wird im allgemeinen der Zeitraum bezeichnet, den ein Objekt für das Zurücklegen eines bestimmten Durchlaufweges benötigt /5/.

Die Durchlaufzeit des Kundenauftrags ist die Zeitspanne zwischen Auftragseingang und Auslieferung. Sie setzt sich aus den Durchlaufelementen der einzelnen Arbeitsstationen zusammen, die im Auftragsdurchlauf eingebunden sind /6/.

Jedes Durchlaufelement beinhaltet Übergangszeitanteile, bestehend aus Transport- und Liegezeiten, sowie Einwirkzeitanteile, die aus Transformations- und Bearbeitungszeiten gebildet werden /7/. Zur besseren Handhabung sind in der vorliegenden Arbeit die Übergangs- als Liege- sowie die Einwirk- als Bearbeitungszeiten bezeichnet.

2.1.4 Zum Begriff "Kostenauflauf"

Die Summe aller während des Auftragsdurchlaufes entstehenden, einem Auftrag direkt zurechenbaren Kosten (z.B. Material- und Lohnkosten) ergibt den "Kostenauflauf" eines Auftrags. Der Kostenauflauf wächst an jeder Arbeitsstation um die an der Station anfallenden Kosten an. Die Darstellung des Kostenauflaufs in Bezug zur Durchlaufzeit ergibt die Kostenauflaufkurve.

2.1.5 Zum Begriff "Wertauflauf"

Der "Wertauflauf" bezeichnet die Summe aller während des Auftragsdurchlaufes entstehenden, einem Auftrag direkt zurechenbaren wertsteigernden Aufwände. Der Wertauflauf wächst im Gegensatz zum Kostenauflauf nicht an jeder Arbeitsstation um die an der Station anfallenden Kosten an. Die Darstellung des Wertauflaufs in Bezug zur Durchlaufzeit ergibt - analog zum Kostenauflauf - die Wertauflaufkurve.

2.2 Auswirkung der Durchlaufzeit des Kundenauftrags durch die indirekten Bereiche auf die Wirtschaftlichkeit eines Unternehmens

Um dem geänderten Käuferverhalten gerecht zu werden, entschließen sich immer mehr Betriebe zu einer Umstrukturierung der direkt-produktiven Bereiche in dezentrale Organisationseinheiten mit einem hohem Grad an Autonomie und Verantwortung. Sie sollen durch einfachere Steuerung der Aufträge, Transparenz von Informations- und Materialflüssen sowie hohen Reaktionsgeschwindigkeiten auf wechselnde Anforderungen die Produktivität und Wirtschaftlichkeit der Unternehmen verbessern /4/.

Die Umstrukturierung führt zu einer Veränderung der Arbeitsteilung im Auftragsdurchlauf der Produktion. Arbeitsgruppen werden gebildet, indem unterschiedliche Tätigkeiten zu Komplettabläufen zusammengefaßt werden. Durch organisatorische Integration entstehen Verantwortungsbereiche - z.B. Teilautonome Gruppen, Fertigungs- bzw. Montageinseln, Fertigungssegmente -, in denen Teile oder Baugruppen eines Produktes vollständig bearbeitet werden /8, 9, 10/.

Die Zusammenfassung planender, ausführender und kontrollierender Tätigkeiten zu ganzheitlichen Arbeitsaufgaben ist ein wesentliches Merkmal dezentraler Verantwortungsbereiche. Dementsprechend werden in dezentralen Organisationsstrukturen des direkten Bereichs fertigungsnahe Aufgaben und Funktionen des indirekten Bereichs - z.B. Konstruktions- und Arbeitsvorbereitungstätigkeiten - integriert /11, 12, 13/.

Der wirtschaftliche Nutzen der Einführung dezentraler Verantwortungsbereiche im direkten Bereich konnte in mehreren Strukturierungsprojekten belegt werden. So werden Reduzierungen der Fertigungs-Durchlaufzeit von 18 - 90 % und der Kapitalbindung von 44 bis 60 % angegeben /12, 14, 15, 16, 17/.

Trotz der großen Vorteile, die durch Strukturierungsmaßnahmen im direkten Bereich erschlossen werden können, darf nicht außer acht gelassen werden, daß durch ausschließlich im direkten Bereich durchgeführte Umstrukturierungsmaßnahmen ein großer Teil von Rationalisierungspotentialen im Unternehmen ungenutzt bleibt. Empirische Untersuchungen haben gezeigt, daß heute immer weniger Durchlaufzeitanteile in den direkten Bereichen entstehen. So fallen derzeit in der Einzel- und

Kleinserienfertigung in gut organisierten Unternehmen zwischen 60 und 83 % der Durchlaufzeiten in den indirekten Bereichen an /13, 18/. Bei klassisch organisierten Maschinenbau-Unternehmen liegt dieser Anteil oft über 90 %.

Die Verschiebung von Durchlaufzeitanteilen aus den direkten in die indirekten Bereiche spiegelt sich auch in einer grundlegenden Veränderung der Personalstruktur wider. So haben Untersuchungen des VDMA aus den Jahren 1980, 1984 und 1988 ergeben, daß in den letzten Jahren auch eine relative Verlagerung der Mitarbeiterzahl aus den direkten in die indirekten Bereichen stattgefunden hat (Bild 2.1).

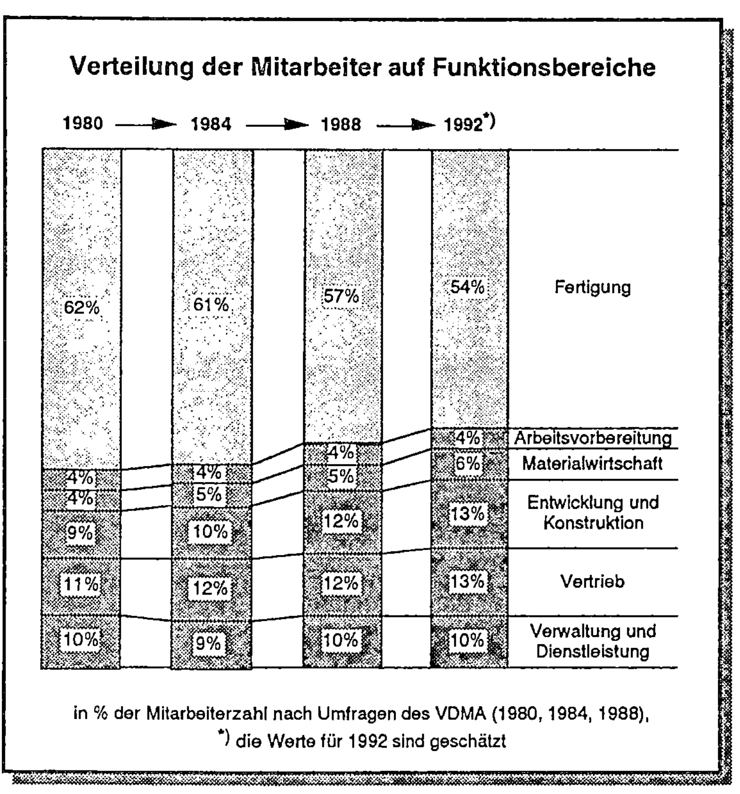

Bild 2.1: Verteilung der Mitarbeiter auf Funktionsbereiche

Hält dieser Trend bis zur nächsten Umfrage (Ende 1992) an, dann wird - sofern von den Unternehmen keine Outsourcing-Maßnahmen durchgeführt werden - 1992 die absolute Mitarbeiterzahl der indirekten Bereiche um 8 % höher sein als 1980. Ein interessantes Phänomen ist, daß im Fertigungsbereich eine gegenläufige Entwicklung zu beobachten ist. So wurde im gleichen Zeitraum in der Fertigung der Anteil von produktionsnahen indirekten Funktionsträgern von 39,8 % (1980) auf 24,3 % (1988) reduziert /19, 20, 21/.

Ein weiteres Indiz, das die wachsende Bedeutung der indirekten Bereiche unterstreicht, ist die kontinuierliche Verschiebung der Anteile von Arbeitern und Angestellten in der Belegschaft von Maschinenbau-Betrieben zugunsten der Angestellten (Bild 2.2). Auch hier zeigen Untersuchungen des VDMA, daß im Jahr 1991 der Anteil der Angestellten (Verhältnis Angestellte zu Arbeiter = 1 : 1,5) deutlich höher war wie noch im Jahr 1950 (Verhältnis = 1 : 4) /22, 23, 24/.

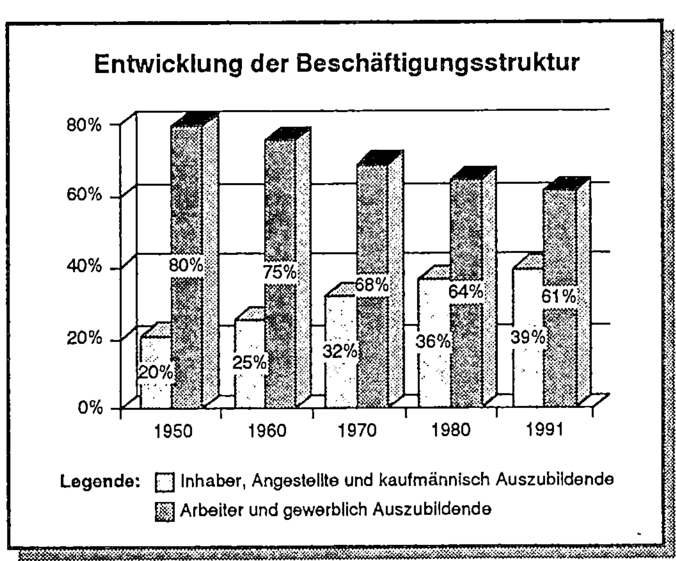

Bild 2.2: Entwicklung der Beschäftigtenstruktur

Setzen sich die genannten Entwicklungen fort und berücksichtigt man zudem, daß im Jahr 1988 in den indirekten Bereichen 65,3 % der gesamten Personalkosten (Löhne und Gehälter) von Maschinen- und Anlagenbauunternehmen anfielen /21/, so belegen die genannten Kennzahlen die Notwendigkeit, Rationalisierungsmaßnahmen über die Grenzen der Produktion hinaus durchzuführen. So bewirkt beispielsweise - bei einem Durchlaufzeitanteil von 70 % - eine Durchlaufzeitverkürzung im indirekten Bereich um 30 % eine Verkürzung der Gesamt-Durchlaufzeit um 21 %. Sollte in diesem Beispiel eine im direkten Bereich durchgeführte Strukturierungsmaßnahme einen ähnlichen Nutzen erzielen, müßte die Durchlaufzeitverkürzung des direkten Bereichs 70 %, also das 2,3-fache des indirekten Bereichs, betragen.

Für den größeren Nutzen von Rationalisierungsmaßnahmen im indirekten Bereich spricht außerdem, daß durch zahlreiche, in der Vergangenheit durchgeführte, technische und organisatorische Rationalisierungsmaßnahmen in der Produktion oft keine großen Durchlaufzeitpotentiale mehr erschlossen werden können. Dies belegt auch die relativ geringe Produktions-Durchlaufzeitverkürzung von 18 %, die mit einer aufwendigen und ganzheitlichen Strukturierungsmaßnahme bei einem Unternehmen des Maschinen- und Anlagenbaus erreicht wurde /16/.

Die Übertragung von dezentralen Organisationskonzepten aus der Produktion in die indirekten Auftragsabwicklungsbereiche hat gezeigt, daß sich durch die Einführung dezentraler Verantwortungsbereiche in den indirekten Bereichen (z.B. Vertriebs-, Planungs-, Logistikinseln) bei verbesserter Lieferbereitschaft die Durchlaufzeiten und Kapitalbindungskosten um bis zu 60 % senken lassen /3/.

Um dieses Potential auszuschöpfen, müssen die im Auftragsdurchlauf vorhandenen Schnittstellen weitgehend abgebaut werden. Hierzu ist die Aufbau- und Ablauforganisation zu dezentralisieren und konsequent auf die Abwicklung der Kundenaufträge auszurichten. Dabei ist sicherzustellen, daß auftragsneutrale Funktionen entsprechend ihren Aufgaben in die neue Organisation integriert sind. Zusätzlich ist zu beachten, daß hoher Auftragseingang, komplexe Auftragsstrukturen oder begrenzte Ressourcen ebenso wie unvorhersehbare Ereignisse eine zentrale Steuerung für Koordination und Auftragsmanagement bedingen /25, 26/.

Die Umsetzung von erfolgversprechenden Umstrukturierungsmaßnahmen in den indirekten Bereichen scheitert in der Praxis oft an der fehlenden Möglichkeit, den wirtschaftlichen Nutzen der Maßnahmen monetär zu quantifizieren. Die in indirekten Bereichen anfallenden Kosten werden - wie zahlreiche andere Kosten, die nicht direkt einem Arbeitsplatz in der Produktion zugeordnet werden können - oft im

Gemeinkostenblock versteckt. Sie können damit nur selten nachvollziehbar einem Auftrag zugerechnet werden /13, 27/.

Ein weiteres Defizit der gängigen Kostenrechnungspraxis ist, daß Auftragsbestände der indirekten Bereiche nicht dem Umlaufvermögen zugerechnet werden. Dabei wird aber gerade im Maschinen- und Anlagenbau ein hoher Wertschöpfungsanteil bereits vor dem eigentlichen Produktionsbeginn erzielt. Die Ingenieurleistungen bei der Anfragenbearbeitung in Angebot und Projektierung, der Auftragsklärung sowie der Konstruktion kundenspezifischer Anpassungen stellen ein nicht zu unterschätzendes Kostenpotential dar. Ohne die Zuordnung von indirekten Auftragsbeständen zum Umlaufvermögen lassen sich den indirekten Bereichen keine Kapitalbindungskosten zuordnen. Somit verschwinden auch diese Kosten im Gemeinkostenblock.

Die Zuordnung der indirekt verursachten Kosten zu Gemeinkosten führt zu einigen schwerwiegenden Fehleinschätzungen:

- Mit einer Durchlaufzeitverkürzung im indirekten Bereich kann - wegen der nicht ausgewiesenen Auftragsbestände - keine Reduzierung von Kapitalbindungskosten erreicht werden.

- Kostenvorteile durch Vermeidung unnötiger Tätigkeiten im Auftragsfluß sind wegen der Gemeinkostenzuordnung indirekter Kosten nicht nachweisbar.

- Dem für eine Strukturierungsmaßnahme notwendigen Investitionsvolumen steht somit scheinbar kein Rückfluß entgegen.

Aus diesem Dilemma heraus formuliert Drucker /28/ die Forderung nach einer neuen Form der Kostenrechnung, in der nicht mehr die Zuordnung aller Kosten zu direkten Lohn- und Materialkosten das ausschlaggebende Verrechnungsprinzip für das Rechnungswesen ist, sondern die durchlaufzeitbezogene Zuordnung der Kosten. Er bezeichnet die neue Form der Kostenverrechnung mit dem Begriff "time costs". Als Resultat einer verursachungsgerechten Kostenzuordnung sieht er die Möglichkeit, Einflüsse von Organisationsstrukturen auf das Betriebsergebnis in Form von Kostenpotentialen aufzuzeigen.

Er kommt mit seinen Gedanken den Prinzipien der "Prozeßkostenrechnung" sehr nahe. In der Prozeßkostenrechnung wird die klassische Form der Kostenrechnung durch ein zielorientiertes Kostenmanagement ersetzt, in dem Kosten lediglich als Symptome von Bestimmungsfaktoren, wie z.B. Durchlaufzeit, auftreten. Das Kostenmanagement hat das Ziel, Gemeinkosten sichtbar zu machen und bei der strategischen Gestaltung der Unternehmensressourcen entscheidungsunterstützende Informationen zu liefern. Es darf sich deshalb nicht an technischen Standards (z.B. funktionaler Organisationsaufbau), sondern muß sich ausschließlich an marktorientierten Betrachtungen orientieren /29/.

Die Gedanken von Drucker und die Grundsätze der Prozeßkostenrechnung greift die vorliegende Arbeit auf. Sie gibt dem Strukturplaner der indirekten Bereiche ein Bewertungsverfahren in die Hand, mit dessen Hilfe er in der Lage ist, den Nachweis der Wirtschaftlichkeit von Organisationsstrukturen zu führen. Das in der Arbeit vorgestellte Verfahren eignet sich außerdem zur Quantifizierung des Investitionsrückflusses. Es wird damit zum Baustein bei der Umsetzung von "Lean Production"-Konzepten /30, 31/.

2.3 Stand der Forschung

2.3.1 Bewertung von Organisationsstrukturen

"Durchlaufzeiten sind ein besonders trübes Kapitel. Das Verhältnis von Bearbeitungs- zu Transport und Liegezeiten beträgt oft 1 : 1000 oder 1 : 500. D.h. mit anderen Worten ausgedrückt, daß ein Vorgang, der in 10 Minuten erledigt werden könnte, mehrere Tage, in Einzelfällen sogar Wochen braucht, bis er das Haus verläßt. Bei einer solchen Arbeitsorganisation würde jeder Fertigungsbetrieb den sofortigen Bankrott anmelden müssen" /32, S. 303/. Diese Aussage von Ladner trifft die Situation der Auftragsbearbeitung in den indirekten Bereichen vieler Maschinen- und Anlagenbau-Unternehmen. Sie gibt zugleich einen Hinweis auf einen wesentlichen Ansatz zur Bewertung von Organisationsstrukturen.

Wesen und Prozeß der Auftragsbearbeitung im indirekten Bereich sind von Kommunikationsprozessen geprägt /33/. Der Umgang mit Information ist das bestimmende Merkmal des Leistungsvollzugs der Auftragsbearbeitung im indirekten Bereich /34/. Der Durchlauf von Information und der Prozeß der Kommunikation können deshalb als Ansatzpunkte für eine wirtschaftliche Prozeßorganisation und damit auch zur Bewertung von Durchlaufzeiten betrachtet werden /35/.

Jede Wirtschaftlichkeitsbetrachtung - und damit auch die Bewertung von Durchlaufzeiten - erfordert eine Gegenüberstellung von Kosten und Leistungen. Da Leistungen im indirekten Bereich - zumindest im Produktionsbetrieb - keine direkte Marktleistung darstellen, ist es schwierig, die Sinnhaftigkeit oder den Wert der Leistung richtig einzuschätzen bzw. zu ermitteln /33/. Sydow stellt in diesem Zusammenhang fest, daß "der Mangel an Transparenz der Markt- und Kostenbeziehungen dafür verantwortlich ist, daß der Abstand einer Unternehmung zum "Grenzbetrieb" des Marktes, in dem sie tätig ist, und damit auch der unternehmensspezifische Handlungsbedarf- bzw. Organisationsspielraum nicht exakt bestimmbar ist" /36, S. 489/. Hieraus leitet Sydow die Notwendigkeit einer Abschätzung der Auswirkungen der Durchlaufzeit auf Wirtschaftlichkeit des Unternehmens ab, da sich Kosten und Leistungen, die aufgrund organisatorischer Veränderungen entstehen, nicht genau berechnen lassen.

Die starke Arbeitsteilung in modernen Organisationen erschwert die Wirtschaftlichkeitsbeurteilung zusätzlich. Sie bewirkt, daß Änderungen an einem Arbeitsplatz auch Auswirkungen auf andere Stellen im Unternehmen haben. So hat man z.B. bei der Einführung zentraler Fachabteilungen die Erfahrung gemacht, daß zwar die Fachabteilung für sich betrachtet äußerst wirtschaftlich arbeitet, die negativen Auswirkungen in den anderen Fachbereichen diesen Vorteil aber oft überkompensieren /37/.

Trotzdem soll eine Wirtschaftlichkeitsbeurteilung alle direkten sowie indirekten Kosten- und Leistungskonsequenzen erfassen, die sich in kürzerer Zeit oder längerer Frist durch den Einsatz einer neuen Organisationsstruktur am Arbeitsplatz, im Arbeitsverbund und im Organisationsumfeld zeigen /38/. Es ist daher sinnvoll und notwendig, alle Parameter zu berücksichtigen, die den Gewinn beeinflussen. Ersatzgrößen dürfen nur dort verwendet werden, wo die Berücksichtigung gewinnbeeinflussender Parameter nicht möglich ist /37/.

Aus dieser Überlegung wird die Notwendigkeit der prozeßorientierten Analyse des Arbeitsvollzugs im indirekten Bereich deutlich. Erst die prozeßorientierte Analyse führt zur Offenlegung der Bestimmungskriterien für organisatorische Veränderungen /33/. "Die Annahme, daß ökonomische Gesetzmäßigkeiten (z.B. Wettbewerb) unmittelbare Relevanz für das Gestaltungshandeln von Managern besitzen, setzt voraus, daß diese Gesetzmäßigkeiten erstens erkannt und zweitens betriebswirtschaftlich in ihrer Wirkung bestimmt und umgesetzt werden (können)" /36, S. 494/. Der wirtschaftliche Nutzen für die Unternehmung tritt aber erst dann ein, wenn diese Wirkung auch genutzt werden kann und damit z.B. Kosten für Überstunden, Konventionalstrafen sowie Kapitalbindung eingespart werden /39/.

In der Literatur finden sich eine ganze Reihe von Ansätzen zur Bewertung von Organisationsstrukturen. Diese lassen sich nach Paffenholz /40/ in drei Gruppen aufteilen:

- Verfahren, die auf einer unmittelbaren Erfassung der Organisation aufbauen,
- Verfahren, deren Basis eine mittelbare Erfassung der Organisation ist,
- Verfahren, die unmittelbare und mittelbare Erfassung der Organisation kombinieren.

Die Verfahren, die auf eine unmittelbare Erfassung der Organisation basieren, gehen davon aus, daß sich die Organisationsstruktur durch eine quantitative Merkmalsstruktur unmittelbar beschreiben läßt. Die Vorgehensweise der Verfahren entsprechen dem Prinzip der Nutzwertanalyse /41/. Dabei werden Merkmale, die eine Organisationsstruktur charakterisieren, einer fest vereinbarten Definition zufolge in einzelne Stufen eingruppiert. Den Stufen werden Stufenwerte zugeordnet, und zwar in der Weise, daß einer höheren Stufe ein im Sinne der Definition höheres Maß an Organisation entspricht. Der Vergleich realer Organisationsstrukturen mit den definitorisch abgegrenzten Stufen sowie die entsprechende Einstufung führen zu Maßzahlen für die betrachteten Organisationsmerkmale.

Beispiele für diese Gruppe von Bewertungsverfahren zeigen Bleicher /42/, Paffenholz /40/, Witte /43/, Eickmeier /44/, Auch /45, 46/, Ludwig /47/ sowie Hill, Fehlbaum und Ulrich /48/. Eine Sonderstellung nehmen Jordt und Gscheidle /49/ ein, die mit Hilfe logischer Funktionen die Art der Organisation beschreiben wollen. Die logischen Funktionen werden benutzt, um die Verknüpfung zwischen den Prozessen in mathematischer Schreibweise darzustellen. Voraussetzung dafür ist die gedankliche Zerlegung des Prozesses in Ja / Nein-Entscheidungen.

Bewertungsansätze, denen eine mittelbare Erfassung von Organisationsstrukturen zugrundeliegt, benutzen zur Quantifizierung meßbare Effekte des Betriebsgeschehens. Die Verfechter dieser Bewertung gehen davon aus, daß diese Effekte - z.B. Produktivität, Rentabilität, Wirtschaftlichkeit, Kapitalbindung etc. - mit den entsprechenden Organisationsstrukturen in Zusammenhang stehen. Beispiele hierfür stammen von Fritz /50/, Huska /51/, Klussmann /52/ sowie von Thomas /53/, Kettner und Heinemeyer /54/, Picot und Reichwald /38/, Zangl /33/, Tränckner /55/. Die letzt genannten fünf Ansätze werden in den nachfolgenden Abschnitten noch ausführlich behandelt.

Die dritte Gruppe von Bewertungsansätzen stellt eine Kombination von unmittel- und mittelbarer Erfassung dar. Die Forschungsarbeiten dieser Gruppe zeichnen sich durch anspruchsvolle empirische Untersuchungen aus. Hier sind insbesondere Arbeiten von Hinings, Pugh, Hickson und Turner /56/, sowie Schnabel /57/, Nadzeyka /58/ und Willmann /59/ zu nennen. Auf die drei zuletzt genannten Arbeiten wird in Abschnitt 2.3.2.2 noch näher eingegangen.

Größere Bedeutung in der Praxis haben vorwiegend Verfahren gefunden, die auf eine mittelbare Erfassung der Organisation aufbauen und die die Durchlaufzeiten als Grundlage für die Bewertung verwenden. Aus diesem Grund wird im folgenden die Durchlaufzeit als bestimmendes Kriterium der Organisations-Bewertung angesehen und die wichtigsten, bislang bekannt gewordenen Ansätze zur prozeßorientierten Analyse und Bewertung von Durchlaufzeiten beschrieben und diskutiert. Ausgehend von Modellen zur Betrachtung der Produktions-Durchlaufzeiten, die in den 70er-Jahren entstanden (Abschnitt 2.3.2) sowie den in den 80er-Jahren entwickelten Ansätzen zur Beurteilung von Durchlaufzeiten in Bürobereichen (Abschnitt 2.3.3), werden in Abschnitt 2.3.4 zwei aus den 90er-Jahren stammende Arbeiten zur Beurteilung von Durchlaufzeiten im indirekten Bereich von Maschinen- und Anlagenbauunternehmen vorgestellt.

2.3.2 Verfahren zur Bewertung von Durchlaufzeiten in der Produktion (direkte Bereiche)

Anfang der 70er-Jahre kam die Frage auf, welche Auswirkungen Durchlaufzeiten in der Produktion auf die Gesamtwirtschaftlichkeit von Industriebetrieben haben. Im Zuge mehrerer Forschungsaktivitäten wurden Methoden entwickelt, die die Analyse und Bewertung von Durchlaufzeiten in Industriebetrieben ermöglichen. Anhand empirischer Untersuchungen wurde nachgewiesen, daß die erarbeiteten Methoden für den praktischen Einsatz geeignet sind.

Die Methoden lassen sich in zwei Klassen aufteilen:

- Verfahren, deren Ziel die Beherrschung der Kapitalanspannung im Unternehmen ist. Die Verfahren bewerten deshalb die Durchlaufzeiten bezüglich der von ihnen verursachten Kapitalbindung (mittelbare Erfassung der Organisation).

- Verfahren, die mit Hilfe von Korrelations- und Regressionsanalysen die Beziehung zwischen Durchlaufzeit und Organisationsgrad der Produktion aufzeigen. Die Bewertung von Organisationsstrukturen erfolgt mittels komplexer Systeme von Wirtschaftlichkeitskennzahlen (Kombination aus mittel- und unmittelbarer Erfassung der Organisation).

2.3.2.1 Auf Kapitalbindung basierende Bewertungsverfahren

Erste Arbeiten, die die Bedeutung der Kapitalbindung für Industrieunternehmen hervorheben, stammen aus der Rezession der frühen 30er-Jahren. So wies Bredt /60/ bereits darauf hin, daß die Beherrschung der "Kapitalanspannung" bzw. Kapitalbindung die Existenzmöglichkeit eines Betriebes sichert. Sie kennzeichnet das Risiko, mit dem in einem Unternehmen gewirtschaftet wird. Bredt stellt ein Verfahren der Betriebsanalyse vor, mit dem eine Verbesserung der Umsatzleistung (Umschlaganalyse), die Sicherung der Wertbildung (Rentabilitätsanalyse) und die Beherrschung der Kapitalanspannung (Risikoanalyse) erreicht werden soll.

Bredt führt außerdem aus, daß der Wertbildungsprozeß eines Produktes in der Regel nicht linear verläuft. Die Wertbildung eines Erzeugnisses ergibt sich aus Stückliste und Einzelteilkalkulation. Ausgehend vom Einkauf des Rohmaterials wächst der Wert durch Summieren der Teilleistungen der einzelnen Fertigungsbereiche an und wird nach dem letzten Arbeitsgang dem Absatzbereich zum Verkaufswert übergeben. Der so definierte Wertbildungsprozeß spiegelt den baumartig verästelten Aufbau der Stückliste wider /61/.

Bredt geht bei seinen Überlegungen nur vom Wert des Endproduktes aus. Folglich berücksichtigt er in einer retrograden Sicht nur die Kapitalbindung, die während des "fiktiven" Wertbildungsprozesses entsteht. Für eine Bewertung von Organisationsstrukturen, deren Basis die Betrachtung der realen Produktionsprozesse mit ihrem tatsächlichen Kostenauflauf sein muß, ist das Verfahren deshalb nicht geeignet.

Kettner und Heinemeyer /54, 62/ greifen die Ideen von Bredt auf. Sie entwerfen eine Methode der Durchlaufzeitanalyse, die sie als Ergänzung zur Umschlags- und Rentabilitätsanalyse von Bredt sehen. In der Analyse untersuchen sie den Aufbau der Kapitalbindung über den zeitlichen Ablauf des Produktionsprozesses. Kettner und Heinemeyer weichen dabei auch bewußt von der für diesen Zweck unzureichenden Zeitendefinition von REFA ab /63/. Durch eine wesentlich differenziertere Betrachtung von Haupt-, Neben-, Liege- und Transportzeiten erhalten sie Aussagen über Einflußgrößen sowie Schwerpunkte der Kapitalbindung, die als Ansatzpunkte für eventuelle Rationalisierungsmaßnahmen dienen können.

Kettner und Heinemeyer unterscheiden im Bearbeitungsprozeß jedoch nicht zwischen wertsteigernden und wertneutralen Tätigkeiten. Sie beschränken ihre Bewertung aus Gründen der Vereinfachung ausschließlich auf die Quantifizierung der Kapitalbindung in sequentiellen Produktionsprozessen. Andere Einsparungspotentiale (z.B. Personal- oder Sachkosten) berücksichtigen sie nicht.

Zu dem von Kettner und Heinemeyer aufgezeigten theoretischen Bewertungsmodell entwickelt Heinemeyer /64/ eine praktische Analysemethode, die speziell auf die Belange des Maschinen- und Anlagenbaus zugeschnitten ist. Die Analysemethode wurde in mehreren Industrieeinsätzen empirisch erprobt und bildet die Grundlage für das EDV-System "DUBAF" (DUrchlaufzeit- und Bestands-Analyse im Fertigungsbereich) /65/. Weiterentwicklungen der Analysemethode im Sinne des von Kettner und Heinemeyer definierten Modells beschreiben Sainis /66/ (Integration eines Warteschlangenmodells) und Bechte /6/.

2.3.2.2 Auf Kennzahlen basierende Bewertungsverfahren

Ausgangspunkt der Entwicklung von Kennzahlen-gestützten Methoden zur Bewertung von Durchlaufzeiten ist das funktionsorientierte Klassifikationsmodell von Paffenholz /40, 67/. Paffenholz entwickelt ein Formalzielsystem, in dem wirtschaftliche (z.B. Minimierung der Durchlaufzeit) und soziale Ziele (z.B. Verbesserung des Unfallschutzes) zu Organisationskennzahlen verdichtet werden. Die Kennzahlen werden anschließend zu einer Bewertung der Organisationsstruktur zusammengefaßt. Das Verfahren ähnelt späteren, auf Basis von Nutzwertanalysen /41/ entwickelten Methoden /z.B. 45, 68, 69, 70/.

Schnabel /57, 71, 72/ greift das Formalziel "Minimierung der Durchlaufzeit" auf und definiert aufgrund mehrerer ihm vorliegender Durchlaufzeitstudien /62, 73, 74, 75, 76/ ein formalzielunabhängiges Bewertungsmodell, daß er anhand des Merkmals "Durchlaufzeit" verifiziert. Er beschreibt Organisationsstrukturen mit 13 Funktionen, für die er wiederum 476 Organisations- und Ordnungsmerkmale definiert. Die Merkmale wählt er so, daß sie "unmittelbar, objektiv und reproduzierbar" erfaßt werden können. Zur Erfassung von durchlaufzeitspezifischen Organisations- und Ordnungsmerkmalen verwendet er in praktischen Einsätzen das Multimoment-Häufigkeits-Verfahren. In Korrelationsanalysen zeigt er den Zusammenhang zwischen den von ihm verwendeten Funktions-Ausprägungen und den von Paffenholz definierten Organisationskennzahlen. Er weist so die Gültigkeit des von ihm erarbeiteten Merkmalskatalogs nach.

Nadzeyka /58, 77/ greift den Merkmalskatalog von Schnabel auf. Als Erleichterung für praktische Einsätze reduziert er die Anzahl der Merkmale von 476 auf 163. In elf Betriebsuntersuchungen erfaßt er die definierten Zeitmerkmale und analysiert in einem Kennzahlensystem das Verhältnis von Organisationsstruktur zu Durchlaufzeit. Aufgrund dieses Verhältnisses erhält er empirisch gestützte Aussagen, ob bestimmte Organisationsstrukturen gegenüber anderen vorzuziehen sind.

Willmann /59, 78/ wertet die von Nadzeyka durchgeführten Betriebsuntersuchungen im Hinblick auf die Wirtschaftlichkeit der Organisationsstrukturen aus. Er beschränkt sich in seinem Untersuchungsbereich auf die Fertigungssteuerung. Als Ergänzung zu den von Nadzeyka erhobenen Daten erfaßt er per Selbstaufschrieb die Arbeitszeitstruktur der einzelnen Arbeitsplätze, um Aussagen über Liege- und Bearbeitungszeiten zu erhalten.

Willmann definiert Wirtschaftlichkeitskennzahlen (z.B. Anteil der Personalkosten an den Kosten für Terminwesen, Personalkosten je Werkstattauftrag etc.) und ermittelt die Beziehung zwischen seinen Wirtschaftlichkeits- und den von Paffenholz definier-

ten Organisationskennzahlen. Aus der Vielzahl unterschiedlicher Wirtschaftlichkeitskennzahlen leitet Willmann dann die Vorziehungswürdigkeit von Organisationsstrukturen ab.

Das von Paffenholz, Schnabel, Nadzeyka und Willmann erarbeitete Modell läßt keine
direkten Rückschlüsse über den Einfluß organisatorischer Maßnahmen auf Kosten
und Leistungen zu. Da solche Aussagen aber eine entscheidende Voraussetzung zur
Verbesserung bzw. Gestaltung von Organisationsstrukturen sind, entwickelt Thomas
/53/ das Verfahren mit dem Ziel weiter, die Wirtschaftlichkeit einzelner organisatorischer Maßnahmen aufzeigen zu können. Er ermittelt zu diesem Zweck je Werkstattauftrag die anfallenden Kapitalbindungs-, Personal-, Organisationsmittel- und
Leerkosten (Kosten für ungenutzte Kapazitäten). Er unterscheidet dabei die Durchlaufzeit-Bestandteile Vorliege-, Belegungs- und Nachliegezeit und untersucht mit
einer Regressions- bzw. Korrelationsanalyse in 13 Maschinenbau-Unternehmen den
Zusammenhang zwischen durchgeführten organisatorischen Maßnahmen und
Kostenveränderungen. Er differenziert in seinen Untersuchungen jedoch nicht zwischen wertsteigernden und wertneutralen Durchlaufzeit-Bestandteilen.

Da Thomas sein Modell ausschließlich auf die Bewertung einzelner organisatorischer
Maßnahmen zugeschnitten hat, lassen sich komplexe Organisationsveränderungen
(parallele Durchführung mehrerer organisatorischer Maßnahmen) mit seinem Modell nicht abbilden. Thomas erhält deshalb keine Aussagen über das tatsächlich in
der Organisationsstruktur vorhandene Einsparungspotential (Strukturkosten).

2.3.3 Verfahren zur Bewertung von Durchlaufzeiten in Verwaltungs- bereichen (Schreibbüros)

Mit dem Aufkommen der modernen Büroautomatisierungstechnik (Ende der 70er
bzw. Anfang der 80er-Jahre) wurde häufig die Frage gestellt, inwieweit durch
Investitionen in neue Kommunikationstechniken monetäre Einsparungspotentiale
erschließbar sind. In Zusammenhang mit dieser Fragestellung entstand das Vier-
Ebenen-Modell der Wirtschaftlichkeit von Picot und Reichwald /38/.

Das Modell bildet die Grundlage für eine ganze Reihe weiterer Arbeiten, die sich mit
der Wirtschaftlichkeits-Abschätzung in Verwaltungsbereichen befassen. Es unterscheidet die Ebenen "isolierte", "erweiterte", "gesamtorganisatorische" und "gesamt-

gesellschaftliche" Wirtschaftlichkeit von Organisationsmaßnahmen. Dabei umfaßt die Ebene der "erweiterten Wirtschaftlichkeit" u.a. auch eine Bewertung von Durchlaufzeiten.

Obwohl das Modell ursprünglich zur Beurteilung der Wirtschaftlichkeit von Schreibdienstorganisationen entwickelt wurde, kann als Kernaussage der Betrachtung abgeleitet werden, daß Kosten und Leistungen einer Organisationsstruktur nicht nur in einer isolierten Umgebung betrachtet werden müssen, sondern auch bezüglich der Gesamtorganisation und darüber hinaus. In umfangreichen empirischen Untersuchungen analysierten Picot und Reichwald mit Hilfe des Modells die Auswirkungen von Organisationsveränderungen in öffentlichen Verwaltungsbereichen und Schreibdienstorganisationen.

Zangl /33/ entwickelte auf Basis dieses Modells ein durchlaufzeitorientiertes Verfahren für die Bewertung von Organisationsmaßnahmen (z.B. Einführung von Textverarbeitungssystemen) in Schreibbüros. Sein Verfahren setzt auf die Ebene der "erweiterten Wirtschaftlichkeit" des Vier-Ebenen-Modells auf.

Seine Bewertung von Durchlaufzeiten führt er auf sechs Durchlaufzeitklassen zurück. Er unterscheidet Bearbeitungs-, Rüst-, Transformations-, Transport- sowie Kontroll- und Abstimmungszeiten. Auch er greift bei seiner Zeitenklassifizierung nicht auf die Definitionen von REFA /63/ zurück, da er zur Bewertung von Durchlaufzeiten eine wesentlich differenziertere Zeiteinteilung benötigt. Anhand arbeitsplatzspezifischer organisatorischer Maßnahmen, die Doppelarbeiten, Doppelbindungen (mehrere Mitarbeiter arbeiten gleichzeitig an einer Arbeitsstation am selben Auftrag), Suchaufwände, Störungen und Perfektionismus verhindern, zeigt er, daß durch den Einsatz von moderner Kommunikationstechnik alle von ihm definierten Zeitbestandteile reduziert werden können.

Monetäre Auswirkungen von Organisationsmaßnahmen weist Zangl als direkte Kosteneinsparungen in Form von Personal- und Sachkosten aus. Eine ganzheitliche Betrachtung der gesamten Prozeßkette - d.h. über den einzelnen Arbeitsplatz hinaus - findet nur bezüglich des Einsatzes neuer Kommunikationstechnologien, nicht bezüglich potentieller Organisationsveränderungen statt. Aus Kapitalbindung resultierende Einsparungspotentiale werden von ihm folglich nicht berücksichtigt.

Der zunehmende Bedarf an Planungs- und Gestaltungsaufgaben für Informations-
und Kommunikationssystemen im Büro hat Mitte der 80er-Jahre dazu geführt, daß
eine ganze Reihe rechnerunterstützter Verfahren entwickelt wurden, mit denen die
Organisation von Büroabläufen und der dafür notwendige Technikeinsatz geplant
werden kann. Die Motivation hierfür liefert ebenfalls Zangl /79/, in dem er zeigt,
daß eine einfache Abbildung der in einem Unternehmen vorhandenen Abläufe auf
moderne Kommunikations- und Informationssystemen nicht genügt, um relevante
Wertschöpfungsvorteile zu erzielen. Er spricht in diesem Zusammenhang von einer
"Elektrifizierung der Ist-Situation".

Neben daten- und aktorenorientierten Büromodellen entstanden einige prozeßorientierte Planungsverfahren, in denen die Büroarbeit als Fluß zwischen verschiedenen
Anwendern, die mit dem geplanten Informationssystem in Interaktion stehen, beschrieben wurden. In den prozeßorientierten Modellen stehen die in einem Büro im
Hinblick auf die Erreichung der Unternehmensziele erforderlichen Funktionen,
sowie die sie umsetzenden Prozeduren und Prozesse im Mittelpunkt. Typische Aufgaben, die mit auf prozeßorientierten Modellen aufbauenden Methoden gelöst werden, sind /80/:

- Kommunikations-Struktur-Analysen,
- Büroprozeß-Analysen,
- Durchlaufzeit-Analysen.

Schönecker und Nippa /81/ geben einen Überblick über diese rechnergestützten
Werkzeuge. Prozeßorientierte Ansätze sind dabei insbesondere in den Werkzeugen
KSA (Kommunikations-Struktur-Analyse) /82/, ISMOD (Information System
MODel and Architecture Generator) /83/ sowie Office Net /84/ realisiert. Zur
Bewertung der neugestalteten Arbeitsabläufe verwendet allerdings nur die KSA-
Methode die resultierenden Durchlaufzeiten. Strukturbedingte Kostenpotentiale
werden mit keinem der drei genannten Modelle ermittelt.

Die Ende der 80er-Jahre entstehende Diskussion um CIB-Konzepte (Computer inte-
grated Business) /85/ nimmt Götzer /37/ zum Anlaß, ein Modell zu entwickeln, daß
die Planung des Einsatzes von Kommunkations- und Informationstechnik zur Optimierung von Durchlaufzeit und Wirtschaftlichkeit ermöglicht. Das sogenannte IOB-
Verfahren (Integrierte Optimierung der Büroinformations- und Kommunikations-

technik) betrachtet dabei vollständige Prozesse im indirekten Bereich und differenziert Durchlaufzeiten in Bearbeitungs-, Warte- und Transportzeiten. Eine Unterscheidung in wertsteigernde und wertneutrale Bearbeitungszeiten nimmt Götzer allerdings nicht vor.

Ergebnis der Planung mit dem IOB-Verfahren sind Durchlaufzeit-Verkürzungen, die ausschließlich aus Technikeinsatz resultieren. Diesen Durchlaufzeit-Verkürzungen wird das zur Technikeinführung notwendige Investitionsvolumen gegenübergestellt. Veränderungen der Organisationsstruktur bleiben unberücksichtigt. In die Bewertung fließen damit weder Personaleinsparungen noch Kapitalbindungseffekte ein.

2.3.4 Verfahren zur Bewertung von Durchlaufzeiten in den Indirekten Bereichen

Erst Anfang der 90er-Jahre entstehen spezielle Modelle zur Planung und Gestaltung der Auftragsabwicklung in indirekten Bereichen von Maschinenbau-Unternehmen. Tränckner /55/ entwickelt eine graphische Beschreibungsmethode, mit deren Hilfe der vollständige Auftragsbearbeitungsprozeß im indirekten Bereich dokumentiert und geplant werden kann. Dabei geht Tränckner davon aus, daß sich große Rationalisierungspotentiale durch Parallelisierung von Arbeitsabläufen erschließen lassen. Er folgt damit im wesentlichen den Ansätzen von Groß /86/.

Elemente seiner Beschreibungssprache sind direkte (z.B. Konstruktionselement) und indirekte Prozeßtätigkeiten (z.B. Transportelement). Den Elementen werden die zum Durchlauf benötigten Durchlaufzeiten zugeordnet, wobei zwischen charakteristischen Auftragsgruppen unterschieden wird. Verzweigungen im Ablauf werden mit der Wahrscheinlichkeit bewertet, mit der ein Auftrag einen bestimmten Bearbeitungspfad einschlägt. Durch gezielte Modifikationen des "zeitkritischen Pfades" wird der Bearbeitungsprozeß so lange variiert, bis eine Minimierung der Durchlaufzeit erreicht wird.

Die Bewertung der so geplanten Organisationsstrukturen erfolgt ausschließlich anhand der Durchlaufzeit, die für den Bearbeitungsprozesses benötigt wird. Eine monetäre Betrachtung führt Tränckner nicht durch. Aufgrund der fehlenden Differenzierung von wertsteigernden und wertneutralen Tätigkeiten sowie der nicht vorhandenen Berücksichtigung von Liegezeiten lassen sich aus dem Modell von

Tränckner ohne weiteres auch keine monetären Auswirkungen von Organisations-veränderungen ableiten.

Die fehlende Bewertungskomponente hat S. Müller /87/ dazu veranlaßt, daß Modell im Hinblick auf eine kostenmäßige Bewertung der geplanten Organisationsstrukturen zu überarbeiten und zu ergänzen. Diese Arbeiten sind derzeit noch nicht abgeschlossen.

2.3.5 Defizite der bestehenden Bewertungsmodelle

Ein Modell zur monetären Bewertung von Organisationsstrukturen der indirekten Bereiche von Maschinen- und Anlagenbauunternehmen, das die im Abschnitt 2.2 genannten Anforderungen erfüllt, zeichnet sich nach der vorstehenden Diskussion durch folgende Eigenschaften aus (in den Klammern sind die Überschriften des Übersichtsbilds 2.3 aufgeführt):

- der vollständige Auftragsbearbeitungsprozeß im indirekten Bereich muß abbildbar sein ("Vollständiger Bearbeitungsprozeß"),

- die Durchlaufzeiten müssen in Bearbeitungs- und Liegezeitanteile differenzierbar sein ("Bearbeitungs- und Liegezeiten"),

- bei den Bearbeitungszeiten sind wertsteigernde und wertneutrale Bestandteile zu unterscheiden ("Wertsteigernde und -neutrale Zeiten"),

- die Kapitalbindung über den Kostenauflauf des gesamten Auftragsbearbeitungsprozesses und die daraus resultierenden Kosten sind aufzuzeigen ("Kapitalbindung des Kostenauflaufs"),

- parallele Abläufe müssen abbildbar sein und verursachungsgerecht bewertet werden ("Parallele Bearbeitungsprozesse"),

- die Personalkosten im indirekten Bereich sind den Durchlaufzeiten zuzuordnen ("Bewertung von Personalkosten"),

- ein monetäres Potential der Organisationsstruktur, das im Vergleich mit anderen Organisationsstrukturen ein direktes Einsparungspotential aufzeigt, ist auszuweisen ("Ausweis monetärer Potentiale").

Einen Überblick über die Erfüllung der Merkmale durch die diskutierten Bewertungsmodelle zeigt das Bild 2.3.

Aus dieser Übersicht ist ersichtlich, daß noch erhebliche methodische Defizite dieser Modelle hinsichtlich der Differenzierung von wertsteigernden und -neutralen Zeiten, der Bewertung paralleler Abläufe sowie der Ermittlung monetärer Einsparungspotentiale besteht. Zwar enthält jedes der beschriebenen Bewertungsverfahren rudimentäre Ansätze, die eine vergleichende Bewertung von Organisationsstrukturen gestatten, doch bietet keines der Verfahren die Möglichkeit, den wirtschaftlichen Nutzen von Umstrukturierungsmaßnahmen im indirekten Bereich monetär zu quantifizieren.

Charakterisierung der Bewertungsmodelle

Legende:

- ● Merkmal erfüllt
- ◐ Merkmal teilweise erfüllt
- ○ Merkmal nicht erfüllt

Bewertungsmodelle	Vollständiger Bearbeitungsprozeß	Bearbeitungs- und Liegezeiten	Wertsteigernde und -neutrale Zeiten	Kapitalbindung des Kostenauflaufs	Parallele Bearbeitungsprozesse	Bewertung von Personalkosten	Ausweis monetärer Potentiale
Bredt /60/	●	○	○	○	◐	◐	○
Kettner; Heinemeyer; Bechte /54, 62, 6/	●	●	○	●	○	○	◐
Paffenholz; Schnabel; Nadzeyka; Willmann; Thomas /40, 57, 58, 59, 53/	◐	●	○	●	○	●	○
Zangl /33/	◐	●	●	○	○	●	◐
KSA /82/	●	◐	○	○	◐	○	○
Götzer /37/	●	●	○	○	○	○	◐
Tränckner; Müller /55, 87/	●	◐	○	○	●	○	○

Bild 2.3: Charakterisierung der Bewertungsmodelle

2.4   Zielsetzung

Mit Zunahme der Kundenanforderungen an das Unternehmen wird die konsequente Ausrichtung der indirekten Bereiche auf die Abwicklung der Kundenaufträge zum entscheidenden Wettbewerbsvorteil. Im Rahmen der vorliegenden Arbeit ist ein Bewertungsverfahren zu konzipieren, das die in der Organisationsstruktur der indirekten Bereiche vorhandenen Durchlaufzeitpotentiale monetär quantifiziert.

Das Verfahren soll mit wirtschaftlich vertretbarem Aufwand, d.h. in begrenzter Zeit und mit standardisierten EDV-Hilfsmitteln, eine wirkungsvolle Hilfestellung bei der Lösung praktischer Strukturierungsaufgaben geben. Deshalb soll das Verfahren folgende Voraussetzungen erfüllen:

- Das Bewertungsmodell ist so aufzubauen, daß mit einem wirtschaftlich angemessen Analyse- und Auswertungsaufwand wirklichkeitsnahe Ergebnisse erzielt werden.

- Das Modell soll in der betrieblichen Praxis ohne große Vorarbeiten einsetzbar sein. Zur Bewertung sind deshalb alle relevanten Kosten heranzuziehen, die bereits in der Buchhaltung geführt werden.

- Die Bewertung der Auftrags-Durchlaufzeiten soll eine möglichst genaue Abschätzung der vorhandenen Durchlaufzeitpotentiale sein. Dabei ist bei der Abschätzung das Prinzip der kaufmännischen Vorsicht anzuwenden und als Ergebnis eine abgesicherte Untergrenze des vorhandenen Gesamtpotentials auszuweisen.

2.5   Vorgehensweise

Die Arbeit gliedert sich in drei Teile (Bild 2.4). Zunächst werden in der Modellbildung (Kapitel 3) die theoretischen Grundlagen des Bewertungsverfahrens erläutert. Hier steht insbesondere die Fragestellung mit Mittelpunkt, wie eine nach betriebswirtschaftlichen Grundsätzen gestaltete Bewertung von Durchlaufzeiten aussehen kann. Anschließend wird das theoretische Modell in ein anwendungsorientiertes Bewertungsverfahren übertragen (Kapitel 4). Dieses Verfahren besteht aus den drei Phasen Analyse des Auftragsdurchlaufs, Quantifizierung der Durchlaufzeit-bestandteile sowie monetäre Bewertung der Durchlaufzeit. Die Anwendung des Verfahrens wird in Kapitel 5 demonstriert. Hier wird gezeigt, wie das Verfahren in einem konkreten Anwendungsfall eingesetzt wurde und welche Ergebnisse sich daraus ableiten ließen. Das Kapitel 6 zieht ein Resumée der Arbeit und gibt Hinweise bezüglich Einsetzbarkeit des entwickelten Bewertungsmodells.

Gliederung der Arbeit

Kapitel 3:
Modellbildung
- Grundsätze der monetären Bewertung
- Abbildung des Auftragsbearbeitungsprozeß
- Bestandteile der Durchlaufzeit
- Ermittlung des monetären Durchlaufzeit-Potentials

Kapitel 4:
Anwendung des Bewertungsverfahren
- Datenerhebung
- Quantifizierung von Liege- und Einwirkzeiten
- Monetäre Bewertung der Durchlaufzeit-Bestandteile
- Potentialabschätzung

Kapitel 5:
Anwendungserfahrungen
- Einsatz des Verfahrens in einem Anwendungsfall
- Beurteilung des Verfahrens

Kapitel 6:
Zusammenfassung

Bild 2.4: Gliederung der Arbeit

3   Modellbildung

Eine Bewertung von Durchlaufzeiten - als Vorarbeit zu einer Organisationsstrukturierung im indirekten Bereich - sollte Potentiale im Auftragsdurchlauf aufzeigen, die sich durch Organisationsmaßnahmen erschließen lassen. Dabei hat die Bewertung davon auszugehen, daß die Minimierung der Durchlaufzeit ein Hauptziel bei der Gestaltung von Organisationsstrukturen ist. Die Erreichung dieses Zieles hängt in erster Linie davon ab, inwieweit die Durchlaufzeit von Tätigkeiten oder Zeitanteilen bestimmt wird, die keinen Beitrag zur Wertsteigerung eines Auftrags leisten. Ihre Eliminierung bzw. Minimierung muß deshalb vorrangiges Ziel einer Organisationsstrukturierung sein.

Aber auch Aufwände, die zu einer Wertsteigerung der Aufträge führen, sollten einer laufenden Überprüfung unterzogen sein. So kann beispielsweise durch die Untersuchung der Fragestellung, ob nicht mit weniger Zeitaufwand ein ähnliches Ergebnis erzielbar wäre, ebenfalls Möglichkeiten zur Reduzierung von Durchlaufzeiten aufgezeigt werden.

Das in dieser Arbeit beschriebene Modell erfüllt diese Anforderungen an die Bewertung von Durchlaufzeiten im indirekten Bereich. Dabei setzt es den Defizite der bestehenden Bewertungsmodelle eine wirklichkeitsnahe Lösung entgegen. Die wichtigsten Eigenschaften des im folgenden Kapitel aus theoretischer Sicht beschriebenen Modells sind:

- Der "Wert" einer Organisationsstruktur ergibt sich aus einer zeitraumbezogene Gegenüberstellung von durchlaufzeitbedingten Strukturkosten der bewerteten Organisationsstruktur und einem theoretischen Kostenminimum. Die Kostendifferenz zwischen bewerteter und theoretisch günstigster Struktur wird im Folgenden monetäres Durchlaufzeitpotential genannt.

- Die Differenz zwischen den Durchlaufzeitpotentialen zweier Strukturalternativen zeigt die Vorziehungswürdigkeit einer Alternative und gibt das zeitraumbezogene, direkte monetäre Einsparungspotential der vorziehungswürdigen gegenüber der nicht vorziehungswürdigen Alternative an.

- Die Bewertung der Organisationsstruktur erfolgt über den gesamten Untersuchungsbereich. Insbesondere läßt sich mit dem Modell der vollständige Auftragsbearbeitungsprozeß aller repräsentativen Auftragsgruppen im indirekten Bereich abbilden.

- Im Modell kann der Auftragsbearbeitungsprozeß mit allen Verzweigungen und Parallelabläufen dargestellt werden. Bei der Bewertung der Durchlaufzeit wird zudem berücksichtigt, daß Wertefluß (z.B. Kostenauflauf) sowie Auftrags- und Informationsfluß während des Auftragsbearbeitungsprozesses nicht deckungsgleich verlaufen können.

- Die Bewertung der Durchlaufzeiten differenziert zwischen Liegezeiten sowie wertsteigernden und wertneutralen Bearbeitungszeiten. Insbesondere die Liege- und wertneutralen Bearbeitungszeiten bilden die in einer Organisationsstruktur vorhandenen Durchlaufzeitpotentiale.

- Die monetäre Bewertung der Zeiten erfolgt in Form einer zweistufigen Bezugsgrößenhierarchie nach den Prinzipien der von Riebel propagierten Einzelkostenrechnung /88/. Die Bezugsgrößenhierarchie definiert dabei die Zuordnung von Personal- und Kapitalbindungskosten zu den einzelnen Durchlaufzeit-Bestandteilen.

3.1 Grundsätze monetärer Bewertung

Mit dem Begriff "Bewerten" werden in der Literatur zwei Sachverhalte bezeichnet, die sich grundsätzlich unterscheidenden /89/. So wird einerseits die Ansicht vertreten, daß "Bewertung" oder "Bewerten" gleichbedeutend mit "Werterfassen" ist /90/. Dieses Verständnis von Bewertung geht von der Auffassung aus, daß Wertgrößen bereits existieren und somit die Bewertung eine Tätigkeit darstellt, um bereits festliegende effektive Werte zu messen. Basis der festliegenden effektiven Werte ist in der Regel der Preis, weshalb von Marktwerten und nicht von Marktpreisen geredet wird /91/.

Die zweite Interpretation sieht den "Wert" als Ergebnis der Bewertung /90/. Hier steht der Prozeß des "Wertgebens" im Mittelpunkt der Betrachtung, die sich aus einer situationsunabhängigen einzelwirtschaftlichen Anschauungsweise ergibt. Nach dieser Auffassung ist der "Wert" einer bestimmten Alternative oder Handlungsweise nicht objektiv feststellbar, sondern bestimmt sich aus den situativen Bedingungen jeder einzelnen Unternehmung /91/. Eine bestimmte Alternative oder Handlungsweise kann damit in zwei unterschiedlichen Unternehmen mit einen völlig anderen "Wert" bewertet sein, der in der Regel vom Markt festgelegt wird.

Eine Folgerung aus der zweiten Interpretation ist die Zielbezogenheit der Bewertung /91/. Der Bewertungsvorgang zur Ermittlung des "Wertes" einer Alternative kann nur anhand einer oder mehrerer Zielgrößen durchgeführt werden. Es ist somit möglich, daß der "Wert" einer Alternative für differierende Ziele völlig unterschiedliche Größen annimmt. Korte hat hieraus den gerundiven Wertbegriff entwickelt, indem er Bewertung als Ermittlung des Maßes der Vorziehungswürdigkeit (des Wertes) bestimmter Lösungsalternativen im Hinblick auf das zugrundeliegende Zielsystem versteht /89/.

Wird zudem eine Bewertung nach dem betrieblichen Erwerbsprinzip durchgeführt, so bestimmt sich die Vorziehungswürdigkeit einer Alternative aus der Gegenüberstellung von Leistung (z.B. Einnahmen) und Kosten (z.B. Ausgaben). Der Vorgang der Bewertung basiert somit auf einer Wirtschaftlichkeitsbetrachtung.

Die zu bewertenden Wirkungen können dabei

- auf der Leistungsseite zu Mehr- oder Mindereinnahmen führen,

- auf der Kostenseite zu Mehr- oder Minderausgaben führen,

- sowohl auf der Leistungs- als auch auf der Kostenseite zu Einnahmen- oder Ausgabenveränderungen führen,

- weder auf der Leistungs- noch der Kostenseite zu Einnahmen- oder Ausgabenveränderungen führen /92/.

Die Beurteilung dieser Form der Bewertung von durchlaufzeitbeeinflussenden Maßnahmen bereitet deshalb erhebliche Schwierigkeiten. Die Hauptursache hierfür liegt im Wesen der Auftragsbearbeitung begründet, weil im Regelfall kein direkter Bezug zwischen Auftragsbearbeitung und den einnahmenrelevanten Größen der Endleistung herzustellen ist. Dies führt zu Defiziten auf der Leistungsseite, d.h. im Herstellen von Beziehungen zwischen realen Wirkungen und Einnahmeveränderungen, weshalb sehr oft nur die leichter zu bestimmenden Ausgabenveränderungen in das Entscheidungskalkül einbezogen werden /93/.

Der fehlende Leistungsbezug in der Beurteilung von durchlaufzeitbeeinflussenden Maßnahmen führt in der vorliegenden Arbeit zu einer weiteren Form der Bestimmung der Vorziehungswürdigkeit einer Alternative. Bestimmungsgrößen sind hier das durch die Anforderungen an die Auftragsbearbeitung festgelegte theoretische Minimum durchlaufzeitbedingter Kosten, welches den durch die organisatorische Ablaufstruktur bestimmten Kosten gegenübergestellt wird. Als "Wert" der Gegenüberstellung ergibt sich das monetäre Durchlaufzeitpotential einer Organisationsstruktur. Die Vorziehungswürdigkeit einer Alternative resultiert dann aus dem Vergleich des zu anderen Alternativen geringeren Durchlaufzeitpotentials.

Der besondere Vorteil dieser Form der Bewertung ist, daß die Differenz der Durchlaufzeitpotentiale zweier Strukturalternativen das zeitraumbezogene, direkte monetäre Einsparungspotential der vorziehungswürdigen gegenüber der nicht vorziehungswürdigen Alternative ergibt. Mit dieser Betrachtungweise läßt sich die Wirtschaftlichkeit von Strukturänderungen (z.B. Rückfluß von Investitionen, Amortisation, etc.) direkt nachweisen. Voraussetzung hierfür ist jedoch, daß eine möglichst realitätsnahe Abschätzung der durchlaufzeitbedingten Kosten vorgenommen wurde.

Ein wesentlicher Nachteil dieser Bewertung besteht in der Bewertung der Organisationsstruktur an sich. Ohne einen Vergleich zweier Strukturalternativen bleibt das ermittelte Durchlaufzeitpotential ein fiktiver Wert, da in der Regel das der Bewertung zugrundeliegende theoretische Kostenminimum aufgrund praktischer Restriktionen nicht vollständig realisiert werden kann. Aus dem Wert kann auch nicht abgelesen werden, mit welcher Realisierungswahrscheinlichkeit welches Potential überhaupt erschließbar ist. Der Wert gibt lediglich einen Hinweis darauf, daß u.U. noch Rationalisierungspotentiale in der Organisationsstruktur vorhanden sind.

3.2   Abbildung des Auftragsbearbeitungsprozesses

Ziel der Abbildung des Auftragsbearbeitungsprozesses ist die Beschreibung des
Weges, den ein Auftrag bzw. eine Auftragsgruppe während des Durchlaufs durch
den indirekten Bereich nimmt. Es reicht dabei im Sinne einer anforderungsgerechten
Systematik nicht aus, die Wegbeschreibung ausschließlich an einzelnen Unter-
nehmensfunktionen (vgl. Bild 3.1) zu orientieren, sondern es muß eine Erfassungsmethode verwendet werden, die eine prozeßorientierte Sicht des sicheren Auftragsdurchlaufes gestattet.

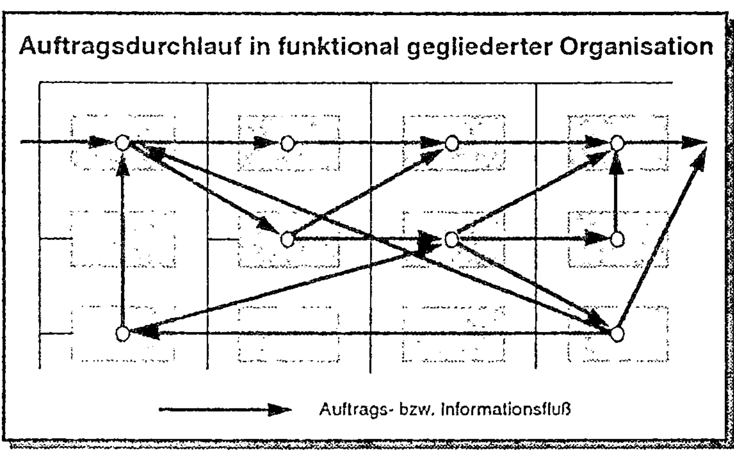

Bild 3.1   Auftragsdurchlauf durch einen funktional gegliederten
indirekten Bereich /25/

Ein geeignetes Mittel zur anforderungsgerechten Darstellung von Auftragsbear-
beitungsprozessen bietet die Netzplan-Technik. Netzpläne bestehen in der Regel aus
zwei Grundelementen, den sogenannten "Kanten" und "Knoten". Wird der Auftragsbearbeitungsprozeß in Form eines Netzplans dargestellt, dann werden die Arbeitsstationen, die einen Auftrag bearbeiten, als Knotenelemente und der Weg des Auftrags zwischen den Arbeitsstationen als Kantenelemente dargestellt. Die Summe der
Kantenelemente ergibt dann den Auftrags- und Informationsfluß zwischen den
Arbeitsstationen.

Zur Bewertung von Durchlaufzeiten reicht aber die Betrachtung des Auftrags- und Informationsflusses noch nicht aus. Der Grund hierfür ist, daß Wertefluß und damit auch der Kostenauflauf nicht deckungsgleich zum Auftrags- und Informationsfluß verläuft. Eine Betrachtung von vier elementaren Prozeßverläufen (mit diesen "Bausteinen" läßt sich jeder reale Auftragsdurchlauf abbilden) verdeutlicht diese Aussage. In der Darstellung der Bilder 3.2 und 3.3 ist der Kostenauflauf am Ende einer Arbeitsstation "S_i" als rekursive Funktion "$K(S_i)$" definiert, in der die Kosten der Station "i" und der Kostenauflauf der der Station "i" vorgelagerten Stelle eingehen:

- **Sequentieller Prozeß (Bild 3.2):**

  Der sequentielle Prozeß zeichnet sich durch einen zum Kostenauflauf deckungsgleichen Auftrags- und Informationsfluß aus. Die Reihenfolge der Arbeitsstationen kann im Prozeß nicht variiert werden. Die Durchlaufzeit eines Auftrags ergibt sich aus der Summe der Teildurchlaufzeiten der einzelnen Arbeitsstationen. Der Kostenauflauf resultiert aus der Aufsummierung der an der jeweiligen Arbeitsstation entstehenden Kosten.

- **Paralleler Prozeß (Bild 3.2):**

  In einem parallelen Prozeß haben Kostenauflauf sowie Auftrags- und Informationsfluß eine unterschiedliche Gestalt. Der parallele Prozeß kann als logische "UND"-Verknüpfung der einzelnen Ablaufpfade angesehen werden.

  Die Durchlaufzeit des Auftrags wird vom zeitkritischen Pfad, d.h. dem Längsten der parallelen Prozesse, bestimmt. Bezüglich des Kostenauflaufs wird der zeitkritische Pfad als sequentieller Prozeß gesehen. An der Verzweigung der parallelen Abläufe startet je Parallelablauf ein weiterer, im Sinne des Kostenauflaufs sequentieller Prozeß, der damit am Verzweigungspunkt noch keinen Vorgänger-Prozeß besitzt. Am Endpunkt der parallelen Prozesse laufen die unterschiedlichen Kostenaufläufe dann wieder in einem gemeinsamen Kostenauflauf zusammen.

- **Unbedingt verzweigter Prozeß** (Bild 3.2):

Im unbedingt verzweigten Prozeß laufen Kostenauflauf sowie Auftrags- und Informationsfluß synchron. Die unbedingte Verzweigung stellt eine logische "ENTWEDER-ODER"-Verknüpfung dar. Der Auftrag läuft mit der Wahrscheinlichkeit "w" über einen bestimmten Pfad alle Arbeitsstationen eines verzweigten Prozesses an. Die nicht im Pfad eingebundenen Stationen bleiben von der Auftragsbearbeitung unberührt. Aus diesem Grund ist der unbedingt verzweigte Prozeß ein Sonderfall des sequentiellen Prozesses.

- **Bedingt verzweigter Prozeß** (Bild 3.3):

In einem bedingt verzweigten Prozeß bestehen zwischen Kostenauflauf sowie Auftrags- und Informationsfluß die größten Unterschiede. Der bedingt verzweigte Prozeß basiert auf einer logischen "ODER"-Verknüpfung, in der ein Ablaufpfad mit der Wahrscheinlichkeit "w_i" gewählt wird.

Eine Besonderheit der "ODER"-Verknüpfung ist, daß ein Teil der Aufträge mehrere Pfade parallel, ein Teil der Aufträge jeweils nur einen Pfad und ein Teil der Aufträge keinen der möglichen Pfade durchläuft. Kann - wie im Bild 3.3 - ein Auftrag zwei Ablaufpfade durchlaufen, wobei die Wahrscheinlichkeiten für das Durchlaufen eines bestimmten Pfades "w_2" und "w_3" betragen, so sind vier unterschiedliche Auftragsdurchläufe mit den Wahrscheinlichkeiten w'_{23}", "w'_2", "w'_3" und "$\overline{w}'_{23}$" möglich.

Der Kostenauflauf setzt sich im bedingt verzweigten Prozeß aus einer Kombination von parallelen und sequentiellen Prozessen zusammen. Die daraus resultierenden Kosten-Teilaufläufe werden mit der jeweiligen Wahrscheinlichkeit, mit der ein Auftrag einen bestimmten Pfad einschlägt, bewertet.

Das in der vorliegende Arbeit beschriebene Bewertungsverfahren kann sowohl den Kostenauflauf als auch den Auftrags- und Informationsfluß der vier vorgestellten elementaren Prozeßverläufe abbilden. Hierdurch wird die vollständige Abbild- und Bewertbarkeit aller in der Realität anzutreffender Auftragsbearbeitungsprozesse sichergestellt.

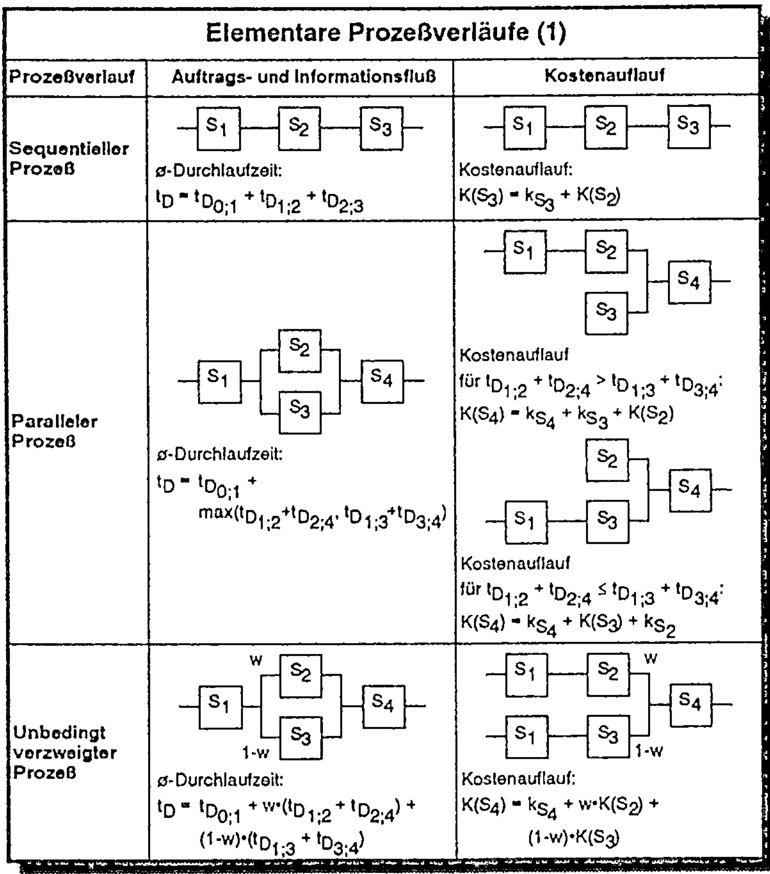

Bild 3.2: Elemente zur Beschreibung des Auftragsbearbeitungsprozesses (1)

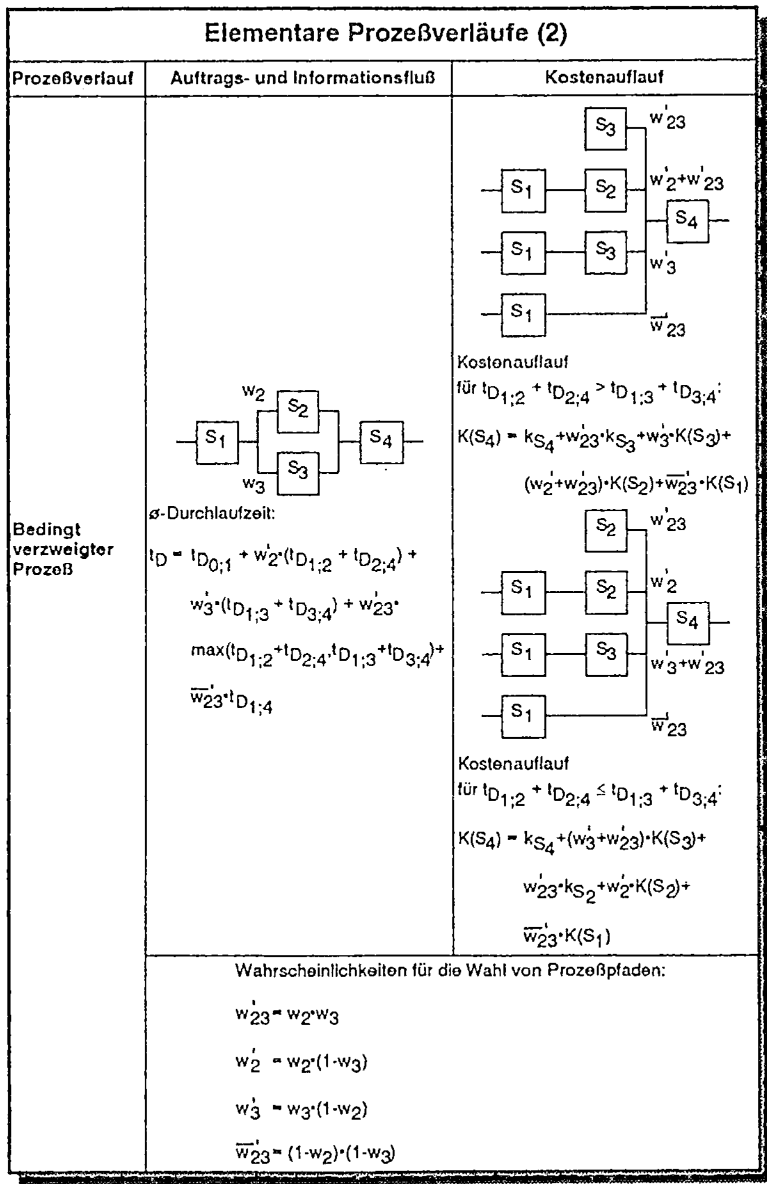

Bild 3.3: Elemente zur Beschreibung des Auftragsbearbeitungsprozesses (2)

3.3 Bestandteile der Durchlaufzeit

An jeder Schnittstelle zwischen zwei Arbeitsstationen läßt sich die Durchlaufzeit eines Auftrags in die Phasen Bearbeitungs-, Transport- und Liege- und Einarbeitungszeit unterteilen (Bild 3.4). Erst nach der Einarbeitungszeit des Mitarbeiters an der zweiten Arbeitsstation findet wieder eine erneute Bearbeitung des Auftrages statt. Diese kurze Betrachtung eines einzelnen Schnittstellenübergangs zeigt bereits, daß sich die gesamte Durchlaufzeit eines Auftragsbearbeitungsprozesses aus verschiedenartigen Zeitbestandteilen zusammensetzt, die je nach Charakter der Zeitanteile in einem höchst unterschiedlichen Maße mehr oder weniger stark einen Fortschritt im Sinne der Auftragsbearbeitung bewirken. Die unterschiedlichen Zeitanteile leisten damit auch in unterschiedlichem Maß einen Beitrag zur Wertsteigerung des Auftrags.

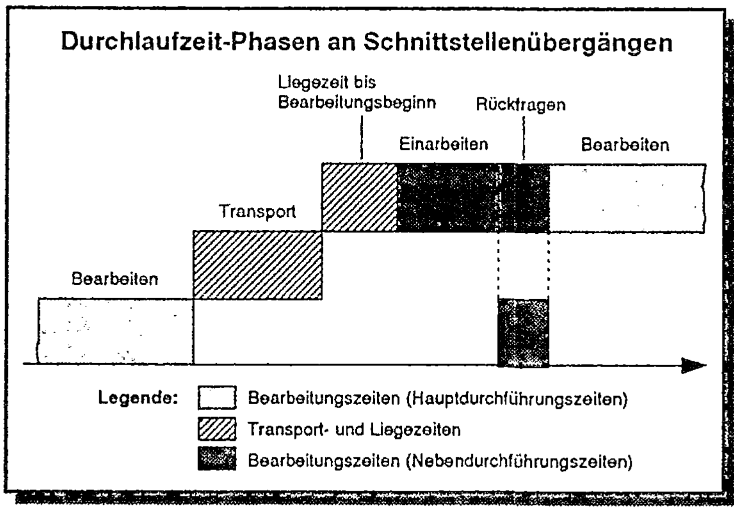

Bild 3.4: Durchlaufzeitphasen an Schnittstellenübergängen zwischen zwei Arbeitsstationen /in Anlehnung an 25/

Zeitanteile, in denen der Auftragsbearbeitungsprozeß seinem Ziel "im Sinne einer Wertsteigerung" nähergebracht wird, werden im folgenden als "Einwirkzeiten" bezeichnet. Während dieser Zeiten wirkt mindestens ein Mitarbeiter an einer Arbeitsstation auf den Auftrag ein. Da aber nicht zwangsläufig jede Einwirkung eine reale

Wertsteigerung des Auftrags nach sich zieht, wird die Einwirkzeit wiederum in Bearbeitungs- und Transformationszeiten unterschieden.

Wenn beispielsweise eine in der Substanz "fertige" Arbeitsunterlage wegen mangelnder adressatengerechter Gestaltung nochmals in eine andere äußere Form "transformiert" wird, so bewirkt diese Einwirkung an sich keine Wertsteigerung. Sie erhöht lediglich die Kosten der Auftragsbearbeitung und die Gefahr von Informationsverlusten. Diese Transformationen entstehen oft an organisatorischen Schnittstellen, wenn eine schnittstellenübergreifende Standardisierung versäumt wurde. Andererseits sind solche Transformationen oft notwendig, um Informationen überhaupt verwerten zu können. Transformationszeiten sind somit immer eine Fortführung von Bearbeitungszeiten, die sich aber nicht wertsteigernd auswirken.

Nicht zu den Transformationszeiten zählen dagegen die "Nebendurchführungszeiten". Diese Zeiten sind Teil der Bearbeitungszeiten und erfassen die Aufwände für Einarbeitung eines Mitarbeiters in den Auftrag und zur Informationsbeschaffung. Obwohl während der Nebendurchführungszeiten an sich keine reale Wertsteigerung eines Auftrags erfolgen kann, so stellen sie doch notwendige Vorarbeiten für die wertsteigernde Bearbeitung dar. Analog zu den Rüstzeiten der Produktion /63/ können die Nebendurchführungszeiten als "geistige Rüstzeiten" der Mitarbeiter der indirekten Bereiche angesehen werden.

Die eigentlich wertsteigernde Einwirkung auf einen Auftrag geschieht während der Hauptdurchführungszeit. Die Definition der Hauptdurchführungszeit entspricht damit der Ausführungszeit nach REFA /63/, wobei als Besonderheit der indirekten Bereiche die höhere Kundenbezogenheit der Aufträge ins Gewicht fällt. Da ein Kunde in der Regel nicht mehrere Aufträge gleichzeitig bestellt, wird im Normalfall die Auftragsmenge immer die Zahl "eins" sein.

Alle Zeitanteile, an denen keine Einwirkung auf den Auftrag "im Sinne einer Wertsteigerung" geschieht, werden als Liegezeiten bezeichnet. In dieser Zeit "ruht" die Bearbeitung des Auftrags. Insbesondere zählen die Transportzeiten zwischen einzelnen Arbeitsstation zu den Liegezeiten, da der innerbetriebliche Transport auf keinen Fall eine reale Wertsteigerung eines Auftrags verursacht.

Nach den bisher genannten Überlegungen lassen sich Durchlaufzeiten der indirekten Bereichen in die Bestandteile Haupt- und Nebendurchführungs- sowie Transformations- und Liegezeiten unterteilen. Aufgrund des unterschiedlichen Charakters der Zeitbestandteile, vor allem bezüglich ihrer Auswirkungen auf die Wertsteigerung der Aufträge, muß bei der Bewertung der Durchlaufzeit auch nach diesen Bestandteilen differenziert werden (Bild 3.5):

- **Hauptdurchführungszeiten:**
  Während der Hauptdurchführungszeiten erfolgt auf die Aufträge eine Einwirkung im Sinne einer Wertsteigerung. Da hierbei keine unnötigen Bearbeitungszeitanteile entstehen, kann durch organisatorische Maßnahmen auch keine Reduzierung der Hauptdurchführungszeiten erreicht werden. Durchlaufzeitpotentiale von Hauptdurchführungszeiten können damit nur durch andere Rationalisierungsmaßnahmen (z.B. andere Hilfsmittel, neue Arbeitsunterlagen etc.) erschlossen werden.

- **Nebendurchführungszeiten:**
  Nebendurchführungszeiten sind ein Effekt von arbeitsteiligen Prozessen. Sie entstehen vor allem an Schnittstellenübergängen zwischen Arbeitsstationen. Der Anteil der Nebendurchführungszeiten an der Durchlaufzeit wird daher in erster Linie durch die bestehenden Organisationsstrukturen bestimmt. Nebendurchführungszeiten zählen deshalb voll zum Durchlaufzeitpotential.

- **Transformationszeiten:**
  Wertsteigerungsneutrale Einwirkungen auf den Auftrag sind in den Transformationszeiten zusammengefaßt. Da Transformationszeiten "unnötige Aufwendungen" im Sinne der Wertsteigerung darstellen, brauchen sie nicht in Haupt- und Nebenzeiten differenziert zu werden. Sie sind ebenfalls als Durchlaufzeitpotential anzusehen, da ihr Anteil an der gesamten Durchlaufzeit stark durch die organisatorische Ablaufstruktur beeinflußt ist.

- **Liegezeiten:**
  Liegezeiten sind in ihrem ganzen Umfang als unproduktive Durchlaufzeit-Bestandteile zu werten. Ihre Ursachen liegen ausschließlich in der Struktur des Auftragsbearbeitungsprozesses. Sie sind daher dem Durchlaufzeitpotential zuzuordnen.

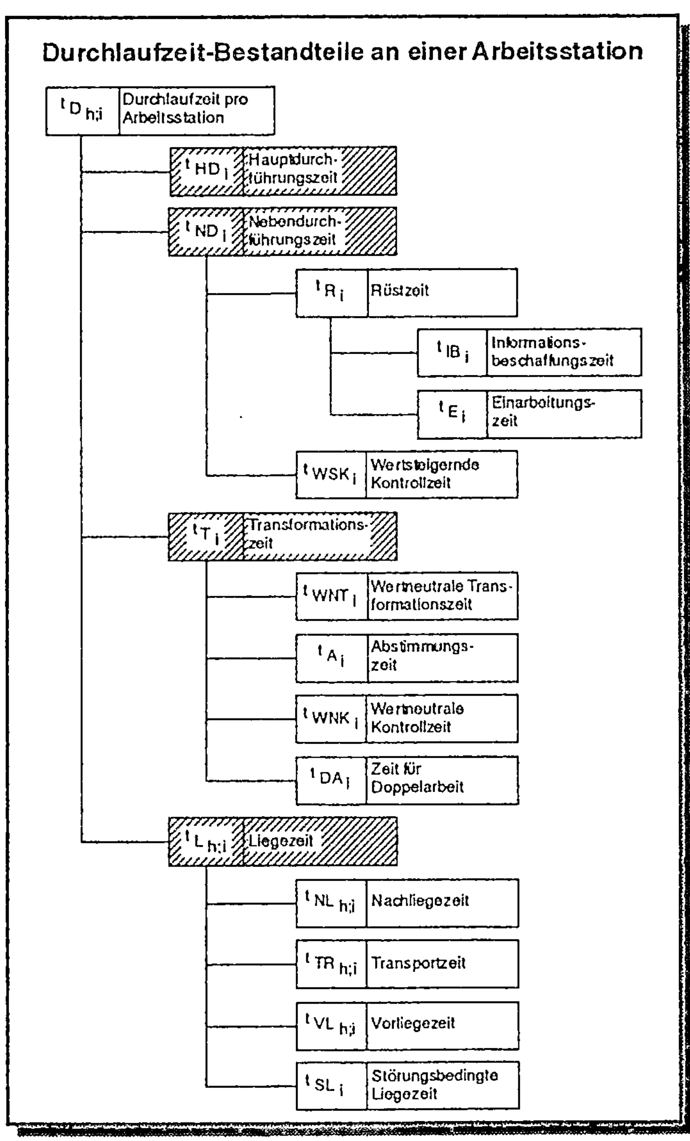

Bild 3.5:   Überblick die Zuordnung von Durchlaufzeiten zu den vier Bestandteilen (schraffiert hinterlegt)

Die nachfolgende Zusammenstellung soll zeigen, welche Zeiten im einzelnen den vier Durchlaufzeit-Bestandteilen zugeordnet werden können und wie sich die Zuordnung auf die Bewertung der einzelnen Zeiten auswirkt.

3.3.1   Hauptdurchführungszeiten

In der Hauptdurchführungszeit sind alle Aufwände enthalten, die notwendig sind, um eine Leistung der indirekten Bereiche (z.B. Information) in ihrer Substanz zu erstellen. Hierzu zählt in erster Linie die inhaltliche Bewältigung der zu bearbeitenden Aufgaben, die auch eine reale Wertsteigerung des Auftrags bewirkt, nicht aber deren formale Aufbereitung.

Nach dieser Definition ist die Hauptdurchführungszeit bereits beendet, wenn ein fertig ausformuliertes handschriftliches Konzept vorliegt. Die Erfassung der Information in ein EDV-System zählt daher nur dann zur Hauptdurchführungszeit, wenn die Information ohne Umweg direkt am Bildschirm erarbeitet wird. In allen anderen Fällen gilt die Bildschirmeingabe als Transformationszeit.

Die Ursache der Aufteilung des beschriebenen Vorgangs liegt in der Natur der in den indirekten Bereichen von Maschinen- und Anlagenbau erarbeiteten Informationen. Der überwiegende Teil der Informationen und Dokumente, die in den indirekten Bereichen erarbeitet wird, erblickt so gut wie nie das Licht anderer Abteilungen und erst recht nicht das der Welt außerhalb des Unternehmens. So stellt dann auch das äußere Erscheinungsbild der Information in diesem Zusammenhang keinen wertbestimmenden Faktor dar. Die äußere Form einer Information erhält nur dann einen wertsteigernden Charakter, wenn sie im direkten Umgang mit dem Kunden verwendet wird.

Die Annäherung von Durchlaufzeit und Hauptdurchführungszeit ist ein wichtiges Ziel von Strukturierungsmaßnahmen im indirekten Bereich. Dabei enthalten die Hauptdurchführungszeiten selber nur geringe Durchlaufzeitpotentiale, da sie in der Regel die mit Abstand geringsten Anteile an der Durchlaufzeit haben. So betrug ihr Anteil in zwei Untersuchungen, die in Unternehmen des Maschinen- und Anlagenbaus durchgeführt wurden, nur 3 bzw. 15 % der Gesamtdurchlaufzeit /94, 95/. Es rentiert sich daher in den wenigsten Fällen, die Hauptdurchführungszeiten im Hinblick auf die Effizienz der Organisationsstruktur näher zu untersuchen. Allerdings bietet das Verhältnis zwischen Hauptdurchführungszeit und Gesamtdurchlaufzeit einen wichtigen Beurteilungsmaßstab für den Auftragsfluß und damit auch für die Organisationsstruktur.

3.4.2 Nebendurchführungszeiten

Die Bearbeitungszeit an einer Arbeitsstation besteht nicht nur aus Hauptdurchführungszeiten. Analog zur Unterteilung der Produktions-Auftragszeit nach REFA in Rüst- und Ausführungszeit /63/ ist auch im indirekten Bereich eine Unterteilung der Einwirkung in vorbereitende (mittelbare) sowie durchführende (unmittelbare) Tätigkeiten notwendig. Die unmittelbaren Tätigkeiten werden während der Haupt- (Ausführungszeit), die mittelbaren in der Nebendurchführungszeit ausgeführt. Ein wesentlicher Anteil der Nebendurchführungszeiten wird somit durch Einarbeitung in den Auftrag, Informationssuche und -beschaffung bestimmt.

Solche Nebendurchführungszeiten entstehen in der Regel an Schnittstellenübergängen zwischen zwei Arbeitsstationen. Jeder Mitarbeiter einer neuen Arbeitsstation muß "seine" Bearbeitung des Auftrags vorbereiten und sich in den Auftrag einarbeiten. Er "rüstet" sich für den Auftrag.

Die Minimierung von Rüstzeiten ist in der Produktion schon seit langem eines der wichtigsten Optimierungskriterien. Hierdurch wird sowohl die Durchlaufzeit verringert als auch die Kapazität weniger belastet, wodurch wiederum ein höherer Ausstoß je Zeiteinheit möglich ist. Im Auftragsbearbeitungsprozeß der indirekten Bereiche wird "geistigen" Rüstzeiten oft kaum Beachtung geschenkt, da hierunter viele Tätigkeiten fallen, die normalerweise als Bearbeitungszeiten angesehen werden.

Die Vermischung von wertsteigernden und -neutralen Durchlaufzeitanteilen muß bei einer Bewertung der Durchlaufzeiten aufgelöst werden, da aus einer Reduzierung von Rüst- bzw. Nebendurchführungszeiten durch Abbau von Schnittstellen oft erhebliche Zeiteinsparungen und damit auch Durchlaufzeitverkürzungen resultieren.

Eine weitere Form von Nebendurchführungszeiten sind Kontrollzeiten. Diese haben - im Gegensatz zu den Rüstzeiten - einen bedingt wertsteigernden Charakter. So kann durch gezielten Einsatz von Kontrollen mit begrenztem Aufwand oft ein verhältnismäßig großer Nutzen erzielt werden. Haben Kontrollen jedoch das Ziel, absolute Fehlerfreiheit zu garantieren, dann steigt der Kontrollaufwand - möglicherweise bis an die Grenze des Perfektionismus - außerordentlich an. Zeiten für überhöhte Kontrollen (z.B. Vorlage jedes einzelnen Ergebnisses beim Vorgesetzten) verursachen keine Wertsteigerung und sind deshalb als Transformationszeiten anzusehen.

Direkt in den Arbeitsgang integrierte Kontrollen, z.B. verstärkte Selbstkontrollen, die zu einer Verbesserung des Arbeitsergebnis führen, steigern auch real den Wert eines Auftrags. Letztere Tätigkeiten sind deshalb den Hauptdurchführungszeiten zuzuordnen.

3.4.3   Transformationszeiten

Transformationszeiten enthalten alle Tätigkeiten, die zu keiner realen Wertsteigerung eines Auftrags führen. Diese Tätigkeiten beinhalten in der Regel die Umwandlung einer Information (z.B. in eine andere Form, auf einem anderen Informationsträger etc.), ohne daß ein Informationszuwachs entsteht. Ein Beispiel für eine Transformationszeit ist die Erfassung einer handschriftlichen Vorlage in einem EDV-System. Diesem Zeitaufwand kann kaum eine reale Wertsteigerung zugebilligt werden, weil die verwendete Informationen bereits in ihrer Substanz vorhanden ist und nur in einer geänderten Form aufbereitet wird.

Transformationszeiten beinhalten auch Doppelarbeiten (z.B. mehrfaches Erstellen einer Auftragskalkulation), die an unterschiedlichen Arbeitsstationen im Auftragsbearbeitungsprozeß durchgeführt werden. Doppelarbeiten führen ebenfalls zu keiner Wertsteigerung des Auftrags und entstehen meist durch fehlende Transparenz des vollständigen Auftragsbearbeitungsprozeß. Sie sind oft ein Indiz für unzureichende Kommunikation im Unternehmen.

Zeitaufwände, die für Abstimmungsprozesse im Auftragsdurchlauf entstehen, sind ebenfalls als Transformationszeiten anzusehen. Ihnen steht meist auch keine reale Wertsteigerung des Auftrags gegenüber. Abstimmungsaufwände sind die Folge von arbeitsteiligen Prozessen und werden von den Mitarbeitern vielfach als störend oder gar überflüssig empfunden. Nach einer von Reichwald durchgeführten Studie fühlen sich 87 % der Sachbearbeiter, Fachspezialisten und Führungskräfte in ihrer täglichen Arbeit durch Abstimmungsprozesse beeinträchtigt /33/. Ein Ergebnis der Studie ist, daß insbesondere überflüssige Abstimmungsprozesse die "geistigen Rüstzeiten" erhöhen, die Motivation senken und u.U. sogar zu einer Wertminderung führen können.

3.4.4   Liegezeiten

Liegezeiten sind ihrem Wesen nach völlig unproduktive Durchlaufzeitanteile, d.h. ihnen fehlt jeglicher Bezug zur Wertsteigerung eines Vorgangs durch entsprechende Einwirkung auf diesen. Trotzdem entfällt der weitaus größte Teil aller Auftragsdurchlaufzeiten auf Liegezeiten. Die Ursachen hierfür lassen sich in die drei Gruppen aufgaben-, störungs- sowie ablauf- und kooperationsbedingte Ursachen einteilen.

Aufgabenbedingte Liegezeiten entstehen durch ungleichmäßigen Arbeitsanfall. Hierunter sind saisonale Schwankungen ebenso zu verstehen, wie nach Zeitpunkt, Häufigkeit und Intensität nicht im einzelnen voraussehbare Schwankungen der Auftragseingänge. Ist eine Ablauforganisation nicht auf den Spitzenwert einer Schwankung, sondern auf den durchschnittlichen Arbeitsanfall ausgerichtet, treten bei Eintritt der Belastungsspitzen wegen der zu niedrigen verfügbaren Kapazität automatisch Liegezeiten auf.

Zu Zeiten dieser Spitzenbelastung werden deshalb häufig Aufgaben zurückgestellt und in Zeiten geringerem Arbeitsanfall abgearbeitet. Um in dieser Situation eine Verkürzung der Liegezeiten zu erreichen, müßte die Arbeitsorganisation am Maximum des Arbeitsanfalls ausgerichtet sein, was wiederum dem Prinzip der Wirtschaftlichkeit widerspricht. Gutenberg nennt dieses Phänomen das "Dilemma der Ablaufplanung" /96/.

Ablauf- und kooperationsbedingte Ursachen von Liegezeiten entstehen z.B. durch organisatorisch-technische oder personelle Engpässe, wenn mehrere Arbeitsstationen gleichzeitig auf gemeinsame Ressourcen (z.B. hochqualifizierte Spezialisten, technische Betriebsmittel etc.) zugreifen, ohne daß eine Ausweichmöglichkeit besteht. Als Folge treten an der Ressource Warteschlangen und damit auch Liegezeiten auf.

Ablauf- und kooperationsbedingte Liegezeiten sind aber auch eine Folge der Arbeitsteilung. Je häufiger ein Auftrag die Arbeitsstation im Bearbeitungsprozeß wechselt, desto größer ist die Gefahr der Verzögerung durch Liegezeiten, da im Zusammen-spiel der einzelnen Arbeitsstationen Nachliegezeiten des Auftrags vor dem Transport ebenso wie Vorliegezeiten des Auftrags im Arbeitsvorrat-Puffer der einzelnen Arbeitsstationen entstehen. Dabei spielen Nachliegezeiten im indirekten Bereich eine eher untergeordnete Rolle, da in der Regel jeder Mitarbeiter bestrebt ist, seinen Schreibtisch vom "Ballast" abgearbeiteter Aufträge zu befreien und deshalb abge-schlossene Aufträge sofort nach Beendigung der Bearbeitung weitergegeben werden.

In Zusammenhang mit der Arbeitsteilung sind auch Transportzeiten zu erwähnen. Während des Transports findet kein Fortschritt im Sinne der Bearbeitung eines Auf-trags statt. Es erfolgt weder ein Informationsgewinn, noch ein Informationsverlust, noch wird die Information überhaupt bearbeitet. Transportzeiten können damit zu keiner Wertsteigerung des Auftrags führen und sind deshalb als Liegezeiten anzu-sehen, die je nach räumlicher Entfernung zweier Arbeitsstationen und Organisations-grad der innerbetrieblichen Hauspost zum Teil erhebliche Durchlaufzeitanteile bin-den.

Die dritte Gruppe von Liegezeiten hat störungsbedingte Ursachen. Hierzu zählt so-wohl der Ausfall von Personal (z.B. durch Krankheit, Fluktuation etc.) als auch von technischen Einrichtungen (z.B. zentrales EDV-System, Telefon etc.). Diese Störungen können zum Teil zu sehr langen Liegezeiten führen und wirken sich oft gravierend auf den Auftragsdurchlauf aus. Da störungsbedingte Liegezeiten aber organisations-struktur-unabhängig sind, brauchen diese Zeiten bei der Bewertung von Durchlauf-zeiten nicht berücksichtigt zu werden.

3.4 Monetäre Bewertung der Durchlaufzeit-Bestandteile

Die Bewertung von Durchlaufzeiten generiert sowohl Informationen zur Planung als auch zur Kontrolle von Organisationsstrukturen. Um dies leisten zu können, müssen die zur Bewertung verwendeten Kosteninformationen "relevant" sein /97/. Der Grundsatz der "relevanten" Kosten besagt, "daß lediglich die von Handlungspara-metern beeinflußbaren Kosten in die Entscheidungsfindung einzubeziehen sind" /98, S. 365/. Für die Auswahl von Organisationsalternativen heißt das, daß nur solche Kosten für die Bewertung maßgebend sein dürfen, die bei unterschiedlichen Organi-sationsstrukturen auch unterschiedlich hoch sind /97/.

Die Kostenzuordnung nach den Prinzipien der von Riebel propagierten Einzelkostenrechnung /88/ liefert eine geeignete Informationsquelle zur Bewertung von Organisationsstrukturen. Wichtigstes Gestaltungskriterium der Einzelkostenrechnung ist das Identitätsprinzip einer verursachergerechten Kostenrechnung, nach dem jede Kostenart einem Sachverhalt direkt zuzurechnen ist /99/. Um dies zu erreichen, sind mehrstufige Bezugsgrößenhierarchien vorgesehen. Eine Bewertung nach dem Identitätsprinzip setzt somit einerseits geeignet aufbereitete Kosteninformationen, andererseits definierte Bezugsgrößen voraus.

Für die Bewertung der Durchlaufzeiten bietet sich eine zweistufige Bezugsgrößenhierarchie an. Die erste Hierarchiestufe beleuchtet in einer statischen Betrachtung den Wertzuwachs (Kostenauflauf) an den einzelnen Arbeitsstationen bezüglich der unterschiedlichen Durchlaufzeit-Bestandteile. Durch Dynamisierung der Bewertung des statischen Wertzuwachses über die Dauer der unterschiedlichen Durchlaufzeit-Bestandteile an den einzelnen Arbeitsstationen fließt in der zweiten Stufe die Kapitalbindung ein. Aus der Zusammenfassung der Ergebnisse der ersten und zweiten Stufe wird das in einer Organisationsstruktur vorhandene Durchlaufzeit-Potential abgeleitet.

3.4.1   Bewertung der ersten Stufe der Bezugsgrößenhierarchie

Die vier in Abschnitt 3.3 definierten Durchlaufzeit-Bestandteile bilden die Bezugsgrößen der erste Hierarchiestufe. Diesen Zeiten sind alle Kosten zuzurechnen, die von ihnen maßgeblich verursacht sind.

Nach einer Umfrage des VDMA bilden die Personalkosten den weitaus größten Teil der Kosten für Arbeitsprozesse im indirekten Bereich /21/. Im Branchendurchschnitt des Maschinen- und Anlagenbaus lag 1989 der Anteil aller Kosten für die indirekten Bereiche (ohne Arbeitsvorbereitung) bei 28,2 % der Gesamtkosten der Unternehmen. Gleichzeitig betrugen die Personalkosten 18,6 % der Gesamtkosten. Somit machen die Personalkosten 65,9 % der gesamten Kosten der indirekten Bereiche aus.

Als Personalkosten gelten in diesem Sinne - neben den direkten Lohn- oder Gehaltskosten - auch Personalnebenkosten (z.B. Sozialabgaben, Urlaub, Krankheit etc.). Diese Kosten lassen sich proportional zur Einwirkzeit einem Auftrag zuzurechnen. Andere Kostenblöcke - wie (Büro-)material, Automatisierungskosten, etc. - können dagegen kaum proportional zur Einwirkzeit einem Auftrag zugerechnet werden. Da jedoch - im Vergleich zum direkten Bereich - der Anteil dieser Kosten mit 3,7 % im indirekten Bereich relativ gering ist - von den 34,1 % Nicht-Personalkosten entfielen 1989 z.B. 4,3 % auf Vertreter-Provisionen, 4,7 % auf Werbeausgaben und 3,5 % auf auftragsneutrale Kosten der Konstruktion, wie beispielsweise Neuentwicklungen, Versuche, Lizenzen - und die Bewertungsmethode der vorliegenden Arbeit dem Prinzip der kaufmännischen Vorsicht folgt, gehen deshalb ausschließlich Personalkosten in die Bewertung der ersten Stufe der Bezugsgrößenhierarchie ein.

Das Bild 3.6 erläutert - beispielhaft für einen Auftrag - die Bewertung der ersten Hierarchiestufe. Lediglich die der Einwirkzeit zurechenbaren Bezugsgrößen (Steigungen der Kostenauflaufkurve) verursachen dabei eine "Wertsteigerung" im Sinne eines Auflaufs der Personalkosten während des Auftragsbearbeitungsprozesses. Wertsteigerungsneutrale Bezugsgrößen (flache Kurvenabschnitte), d.h. Liegezeiten, werden deshalb in dieser Hierarchiestufe nicht bewertet.

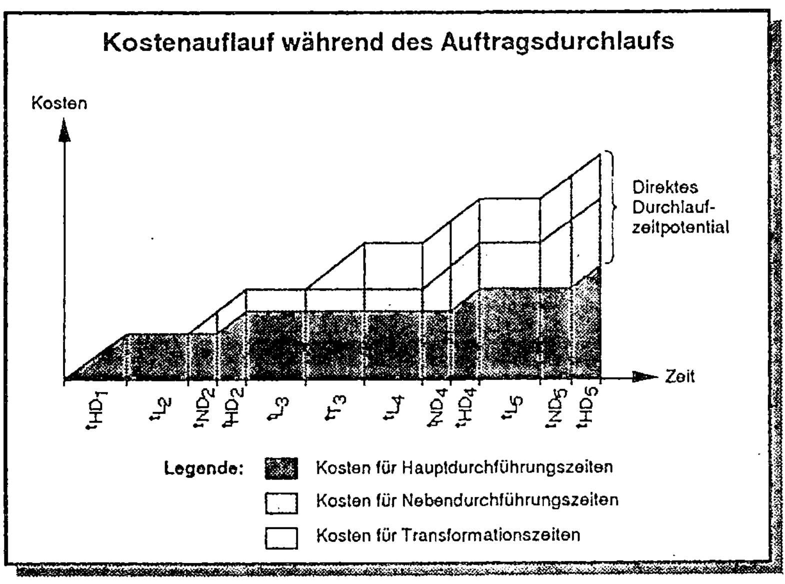

Bild 3.6:   Bildung des direkten Durchlaufzeitpotentials

Dabei stellt die von den Hauptdurchführungszeiten verursachte Wertsteigerung (dunkle Fläche in Bild 3.6) auch einen realen Zuwachs des "Auftragswerts" dar. Aufgrund der Definition dieser Durchlaufzeit-Bestandteile kann sowohl Kostenauflauf als auch Wertsteigerung nicht durch eine Veränderung der Organisationsstruktur beeinflußt werden. Kostenmäßig bewertete Hauptdurchführungszeiten gehören damit auf keinen Fall zum Durchlaufzeitpotential.

Anders verhält es sich bei den Zeiten aus den beiden übrigen Durchlaufzeitklassen. Sowohl aus Nebendurchführungs- als auch Transformationszeiten resultieren Kostenaufläufe, denen keine bzw. nur geringe reale Wertsteigerungen des Auftrags gegenüberstehen. Diese Kostenaufläufe werden sehr stark von der gewählten Organisationsstruktur bestimmt. Die kostenmäßige Bewertung dieser beiden Zeitklassen bildet deshalb das sogenannte "direkte Durchlaufzeitpotential" der ersten Hierarchie-stufe .

3.4.2 Bewertung der zweiten Stufe der Bezugsgrößenhierarchie

Die zweite Stufe der Bezugsgrößenhierarchie baut auf den Ergebnissen der ersten Stufe auf. Die Bezugsgröße dieser Hierarchie, die Kapitalbindung, wird aus zwei Dimensionen gebildet. Diese sind der nach verursachendem Durchlaufzeit-Bestandteil gegliederte Kostenauflauf und die Dauer des jeweiligen Zeitbestandteils an der einzelnen Arbeitsstation. Die Gewichtung der beiden Dimensionen erzeugt die aus den Auftragsdurchlauf resultierende Kapitalbindung.

Der Zusammenhang zwischen den beiden Dimensionen erläutert das Bild 3.7 anhand eines typischen Auftragsdurchlaufs. Die erste Dimension beschreibt den Kostenauflauf an den verschiedenen Arbeitsstationen. Die zweite Dimension bildet die Dauer des jeweiligen Durchlaufzeitanteils. Die Gewichtung beider Dimensionen ergibt die Kapitalbindung, die anschaulich als Fläche unterhalb der Kostenauflaufkurve dargestellt werden kann. Dabei ist die Kapitalbindung der Einwirkzeiten schraffiert und die der Liegezeiten einheitlich getönt dargestellt.

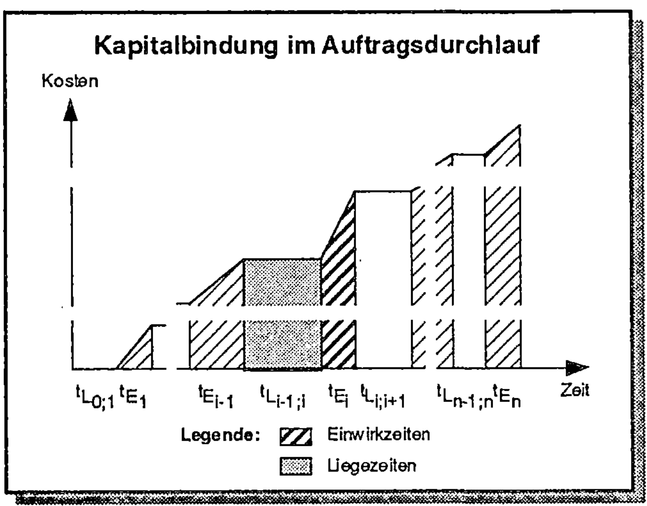

Bild 3.7:   Kapitalbindung durch Liege- und Bearbeitungszeiten

In Formelschreibweise läßt sich deshalb die Kapitalbindung eines Auftrags "Z" als Integral der Kostenauflaufkurve über die Auftragsdurchlaufzeit beschreiben:

$$K_Z = \int_{T_0}^{T_n} K(t)\, dt.$$

Die monetäre Bewertung der Kapitalbindung ergibt sich durch Verzinsung mit einem kalkulatorischen Zinssatz. Der kalkulatorische Zinssatz muß individuell für jedes Unternehmen festgelegt werden und sollte neben reinen Kapitalzinsen auch Handlingsaufwände, Abwertungsrisiken etc. beinhalten. 1989 lag der durchschnittliche kalkulatorische Zinssatz im Maschinen- und Anlagenbau bei 6,9 % /21/. Ergebnis der "Verzinsung" sind die Kapitalbindungskosten, die je nach Durchlaufzeitklasse dem Durchlaufzeit-Potential zugerechnet werden können bzw. entfallen.

Die Bilder 3.8 bis 3.10 zeigen - beispielhaft für einen Auftrag - in der detaillierten Betrachtung einer einzelnen Arbeitsstationen, welche Kapitalbindungskosten im Auftragsbearbeitungsprozeß entstehen. Für die Zuordnung der Kapitalbindungs-

kosten zu Durchlaufzeit-Potentialen wird dabei zwischen Haupt- und Nebendurch-
führungs- sowie Transformations- und Liegezeiten unterschieden.

Im Zuge der wertsteigernden Bearbeitung eines Auftrags an einer Arbeitsstation
wird der Auftragswert sowohl während Neben- als auch Hauptdurchführungszeiten
gebunden (Bild 3.8). Der gebundene Wert setzt sich dabei aus fünf Bestandteilen
zusammen:

- dem Kostenauflauf für Hauptdurchführungszeiten vorgelagerter Arbeitsstationen,

- dem Kostenauflauf für Nebendurchführungszeiten vorgelagerter Arbeitsstationen,

- dem Kostenauflauf für Transformationszeiten vorgelagerter Arbeitsstationen,

- den Kosten für die Hauptdurchführungszeit an der betrachteten Arbeitsstation,

- den Kosten für die Nebendurchführungszeit an der betrachteten Arbeitsstation.

Da nach Definition der Durchlaufzeitklassen die Kapitalbindungskosten für Nebendurchführungszeiten immer dem Durchlaufzeit-Potential angehören, braucht lediglich die Kapitalbindung für den Kostenauflauf zur Hauptdurchführungszeit näher
betrachtet zu werden. Von letzterer sind wiederum nur die Kapitalbindungskosten
des von Nebendurchführungs- und Transformationszeiten verursachten Kostenauflaufs vorgelagerter Arbeitsstationen als Durchlaufzeit-Potential anzusehen. Die
Kapitalbindung für Hauptdurchführungszeiten, sowohl an der betrachteten als auch
an vorgelagerten Arbeitsstationen, wird durch Organisationsveränderungen nicht
beeinflußt und bleibt deswegen bei der Berechnung des Durchlaufzeit-Potentials
unberücksichtigt.

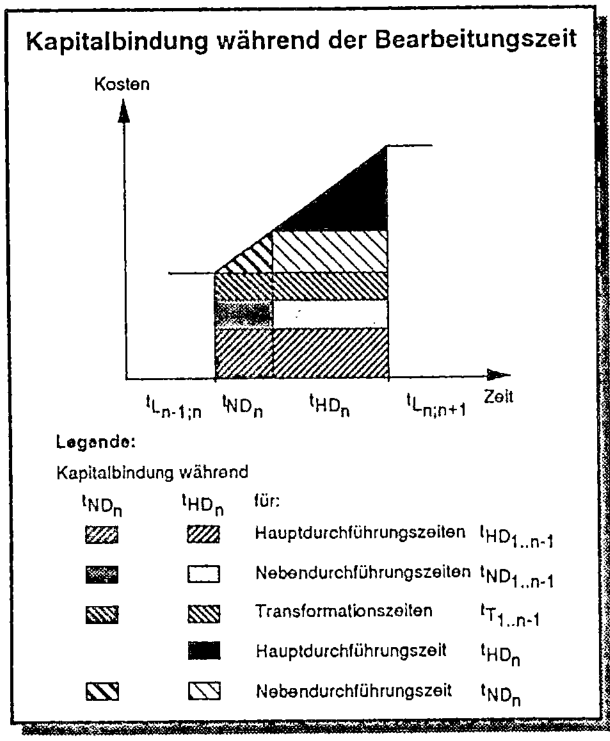

Bild 3.8: Kapitalbindung während der Bearbeitungszeit an
der Arbeitsstation n

Deutlich einfacher als zu Haupt- und Nebendurchführungszeiten sind die Kapitalbindungskosten während Transformationszeiten zu beurteilen. Zwar ist auch hier
der Kostenauflauf aus verschiedenen Durchlaufzeitbestandteilen der betrachteten
und vorgelagerten Arbeitsstationen zusammengesetzt (Bild 3.9), doch folgt hier bereits aus der Einordnung eines Durchlaufzeit-Bestandteils als Transformationszeit
die Zurechnung der Kapitalbindungskosten zum Durchlaufzeit-Potential. Eine
genaue Differenzierung nach kostenauflaufverursachenden Kapitalbindungsanteilen
wird lediglich zur Beurteilung der Kapitalbindung nachgelagerter Stationen benötigt.

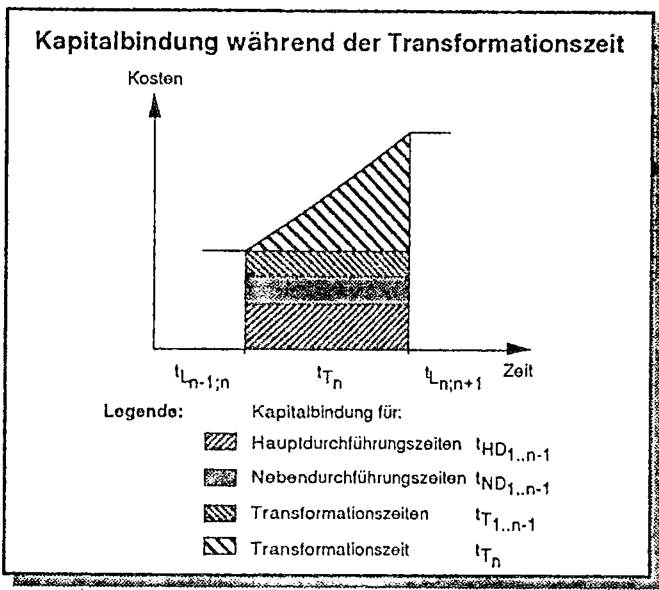

Bild 3.9: Kapitalbindung während der Transformationszeit an der Arbeitsstation n

Eine ähnliche Aussage gilt auch für die Kapitalbindungskosten während Liegezeiten (Bild 3.10). Auch hier erübrigt sich eine genauere Untersuchung der Verursachung des Kostenauflaufs, da Liegezeitanteile grundsätzlich dem Durchlaufzeit-Potential zuzurechnen sind.

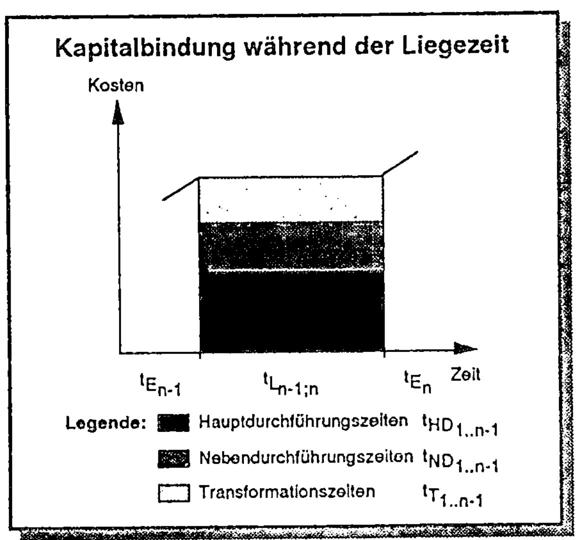

Bild 3.10: Kapitalbindung während der Liegezeit zwischen
den Arbeitsstationen n - 1 und n

Das Bild 3.11 zeigt diese Überlegungen nochmals in einer Übersicht. Es stellt dar, ob
in Abhängigkeit von kostenauflaufverursachenden und zu bewertenden Durchlaufzeit-Bestandteil die entstehenden Kapitalbindungskosten dem Durchlaufzeit-Potential zuzurechnen sind oder nicht. Dabei bedeuten die gestrichenen Einträge, daß der
entsprechende Kapitalbindungsanteil im Auftragsbearbeitungsprozeß nicht auftreten
kann.

Zusammenfassend läßt sich feststellen, daß lediglich Kapitalbindungskosten, die von
Hauptdurchführungszeiten verursacht sind und zu Hauptdurchführungszeiten
bewertet werden, nicht dem Durchlaufzeit-Potential zuzurechnen sind. Alle anderen
anteiligen Kapitalbindungskosten lassen sich durch Organisationsveränderungen
beeinflussen und stellen damit ein möglicherweise auch realisierbares Durchlaufzeit-
Potential dar.

Durchlaufzeit-Potential der Kapitalbindung

Zurechenbarkeit der Kapitalbindungskosten zum Durchlaufzeitpotential ist gegeben — wenn	Bewertet wird:			
	Hauptdurchführungszeit t_{HD_n}	Nebendurchführungszeit t_{ND_n}	Transformationszeit t_{T_n}	Liegezeit $t_{L_{n,n+1}}$
Hauptdurchführungszeiten $t_{HD_{1..n-1}}$	nein	ja	ja	ja
Nebendurchführungszeiten $t_{ND_{1..n-1}}$	ja	ja	ja	ja
Transformationszeiten $t_{T_{1..n-1}}$	ja	ja	ja	ja
Hauptdurchführungszeit t_{HD_n}	nein	-	-	ja
Nebendurchführungszeit t_{ND_n}	ja	ja	-	ja
Transformationszeit t_{T_n}	-	-	ja	ja

(Kostenauflauf ist verursacht von:)

Bild 3.11: Zuordnung der Kapitalbindung zum
Durchlaufzeit-Potential

4 Anwendung des Bewertungsverfahrens

Das folgende Kapitel beschreibt die Anwendung des theoretischen Modells zur Lösung praktischer Bewertungsaufgaben. Wesentlicher Inhalt dieses Kapitels ist deshalb die Quantifizierung sowie monetäre Bewertung der vier Durchlaufzeit-Bestandteile.

Die Anwendung des Bewertungsverfahrens läßt sich in die drei Phasen "Analyse des Auftragsdurchlaufs", "Quantifizierung der Durchlaufzeitbestandteile" sowie "monetäre Bewertung der Durchlaufzeit" gliedern. Die Aufteilung der drei Phasen entspricht im wesentlichen dem Aufbau dieses Kapitels (Bild 4.1).

In der Phase "Analyse des Auftragsdurchlaufs" werden die zur Bewertung notwendigen Grunddaten gesammelt. Hierzu sind vier Arbeitsschritte erforderlich:

- In der "Analyse des Informations- und Auftragsflusses" wird der vollständige Auftragsdurchlauf durch das Unternehmen erfaßt. Ergebnis der Analyse ist ein Informationsflußdiagramm, in dem sämtliche Tätigkeiten der einzelnen Arbeitsstationen detailliert aufgeführt sind.

- In der "Durchlaufzeiterhebung" werden für jede Arbeitsstation die Durchlaufzeiten der Aufträge aufgezeichnet. Für jeden Auftrag wird festgehalten, wann die Arbeitsstation den Auftrag erhalten hat, wann mit der Bearbeitung begonnen und wann der Auftrag weitergegeben wurde.

- In der "Erhebung von Haupt- und Nebendurchführungszeiten" wird für jede Arbeitsstation ein Faktor ermittelt, der die gesamte Einwirkzeit an der jeweiligen Arbeitsstation in Haupt- und Nebendurchführungszeiten aufteilt.

- In den "Vorarbeiten zur Quantifizierung" ist die Einwirkung der einzelnen Arbeitsstationen auf den Auftrag als wertsteigernde oder -neutrale Tätigkeit einzustufen. Durch Vereinfachung der aus Schritt 1 resultierenden Informationsflußdiagramme werden komprimierte Auftragsnetzpläne abgeleitet, deren Netzplan-Knoten dann die an den Arbeitsstationen erhobenen Durchlaufzeiten zugeordnet werden. Die auswertungsgerechte Aufbereitung einzelner Daten schließt die "Vorarbeiten zur Quantifizierung" ab.

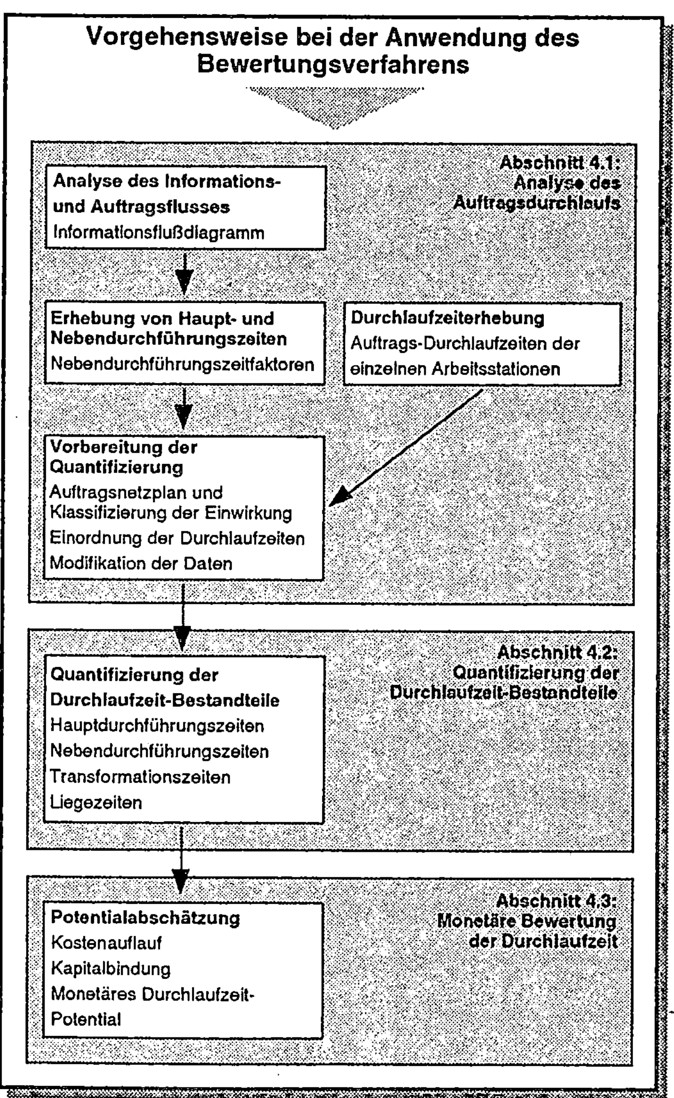

Bild 4.1: Vorgehensweise bei der Anwendung des Bewertungsverfahrens

Nach der Sammlung der Grunddaten erfolgt die "Quantifizierung der Durchlaufzeit-bestandteile". Hierzu sind - bezogen auf die unterschiedlichen Auftragsgruppen - Haupt- und Nebendurchführungs- sowie Transformations- und Liegezeitanteile an den einzelnen Netzplanknoten (Arbeitsstationen) zu ermitteln.

In der letzten Phase des Verfahrens wird die monetäre Bewertung der Durchlauf-zeiten durchgeführt. Dabei wird den differenziert aufgeschlüsselten Durchlaufzeit-Bestandteilen verursachungsgerecht das durchlaufzeitbedingte Kostenpotential zugerechnet. Ergebnis der dritten Phase ist eine zeitraumbezogene Potentialab-schätzung, in der die durchlaufzeitbedingten Kostenpotentiale der betrachteten Organisationsstruktur aufgezeigt werden.

4.1 Analyse des Auftragsdurchlaufs

Die zur Analyse des Auftragsdurchlaufs benötigten Methoden sind in Anhang A ausführlich beschrieben. Sie dienen der Erfassung von zeit- und ablaufbezogenen Informationen, die zur Bewertung der indirekten Auftrags-Durchlaufzeiten benötigt werden. Auf den Einsatz eines Teils der Erhebungs-Methoden kann verzichtet wer-den, wenn mit Hilfe eines EDV-gestützten PPS-Systems im Unternehmen eine fun-dierte Auftrags-Steuerung der indirekten Bereiche existiert, die eine realistische Kapazitätsplanung und Zeitwirtschaft als Basis hat. Die zur Bewertung erforder-lichen Daten lassen sich in diesem Fall direkt aus der EDV ableiten.

Erfahrungen der Praxis zeigen jedoch, daß in indirekten Unternehmensbereichen nur selten solch eine Planung und Steuerung anzutreffen ist. So zeigte eine Untersuchung von Arbeitsvorbereitungsabteilungen, daß nahezu 80 % der analysierten Unterneh-men keine ausreichende Planung und Steuerung der Arbeitsvorbereitung aufweisen konnten /27/. Aus diesem Grund kann auf die explizite Erfassung der Grunddaten nur in Ausnahmefällen verzichtet werden.

Die Datenerfassung ist so zu gestalten, daß keine Beeinträchtigung des Auftrags-durchlaufs durch die Erhebung auftritt, um eine Verfälschung der Ergebnisse von vornherein auszuschließen. Gleichzeitig muß die Erhebung eine Differenzierung unterschiedlicher Auftragsgruppen bzw. -arten zulassen. Nach Abschluß der Erhe-bung müssen für jede Auftragsart folgende Informationen vorliegen:

- Ein vollständiger Auftragsnetzplan, in dem alle Arbeitsstationen festgehalten sind, die ein Auftrag während des Bearbeitungsprozesses im Untersuchungsbereich durchläuft.

- Informationen über die Durchlaufzeit jedes Auftrags an den einzelnen Arbeitsstationen, wobei alle im Untersuchungsbereich und -zeitraum bearbeiteten Aufträge erfaßt sein müssen. Die durchschnittliche Durchlaufzeit eines Auftrags an einer Arbeitsstation wird dabei als Durchlaufelement bezeichnet.

- Die Zuordnung der Durchlaufelemente zu den Netzplanknoten und die Unterscheidung der Tätigkeiten im Auftragsbearbeitungsprozeß in Bearbeitungs- und Transformationszeiten.

Die Erfassung der im Bewertungsmodell verwendeten Kosteninformationen erfordert dagegen keine umfangreiche Datenerhebung, da sich die durchlaufzeitbedingten Kosten der indirekten Bereiche aus Personal- und Kapitalbindungskosten zusammensetzen. Dieses Zahlenmaterial ist in der Regel im EDV-System der Buchhaltung direkt verfügbar.

4.1.1 Abgrenzung des Untersuchungsbereichs

Die Analyse beginnt mit der Abgrenzung des zu untersuchenden Bereichs. Wegen der großen Menge anfallender Daten bei der Datenerfassung sollte vorab geklärt sein, welche Organisationsstrukturen in die Bewertung einzubeziehen sind. Dementsprechend kann nach erfolgter Klärung die Untersuchung auf einen bestimmten Ausschnitt (Typ) möglicher Untersuchungsbereiche eingeschränkt werden (Bild 4.2). Die Einschränkung erfolgt durch:

- Auswahl eines oder mehrerer repräsentativer Produkte, deren eingehende Aufträge während des gesamten Auftragsdurchlaufs verfolgt werden (Typ I). Mit dieser Auswahl des Untersuchungsbereichs lassen sich Übergänge zwischen verschiedenen Arbeitsstationen gut untersuchen. Es besteht jedoch die Gefahr, daß sich bei einem uneinheitlichen Produktprogramm ein verfälschtes Bild ergibt. Außerdem wird bei Einsatz dieses Analysetyps die Abschätzung der Bearbeitungszeit in der Regel zu hoch ausfallen.

- Auswahl einer Arbeitsstation oder eines Teilbereichs im Auftragsdurchlauf, in dem die Aufträge aller Produkte, die den Bereich durchlaufen, untersucht werden (Typ II). Dabei sind die Produkte nach unterschiedlichen Auftragsarten zu klassifizieren und in repräsentative Gruppen (z.B. Großserie, Kleinserie, Sonderbau) zusammenzufassen. Die Untersuchung des gesamten Produktspektrums gewährleistet, daß kein verfälschtes Bild einzelner Aufträge entsteht. Nachteil der Beschränkung auf einen Teilbereich des Auftragsdurchlaufs ist, daß keine Aussagen über den gesamten Auftragsbearbeitungsprozeß möglich sind.

- Auswahl einer Arbeitsstation oder eines Teilbereichs im Auftragsdurchlauf, an dem nur einige ausgewählte Produkte untersucht werden (Typ III). Diese Form der Untersuchung hat wenig Aussagekraft und macht nur Sinn, wenn sie als Voruntersuchung einer detaillierten Analyse die Notwendigkeit einer genaueren Betrachtung zeigen soll, oder wenn die Auftragsbearbeitungsprozesse aller Arbeitsstationen vergleichbare Durchläufe besitzen.

- Untersuchung des vollständigen Auftragsdurchlaufs aller Produkte (Typ IV). Dies ist die aufwendigste Form der Analyse. Sie liefert allerdings auch das genaueste Bild über den gesamten Auftragsbearbeitungsprozeß. Wie beim Typ II sind hier die Produkte in repräsentativen Gruppen zusammenzufassen.

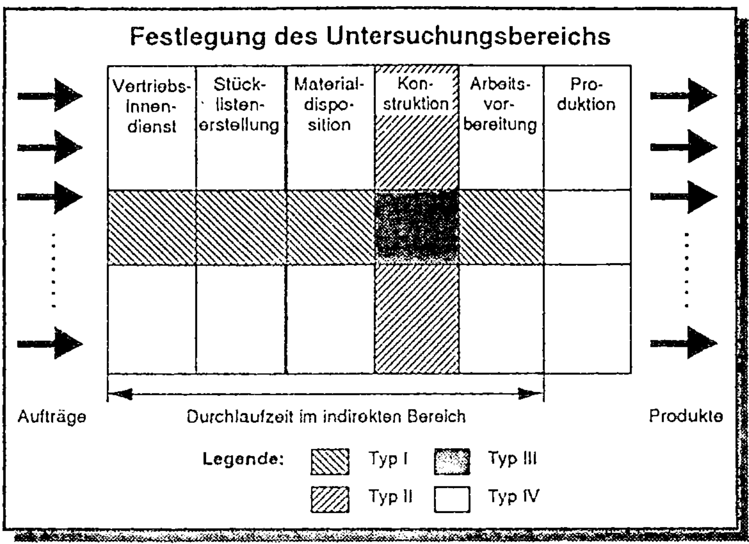

Bild 4.2:   Festlegung des Untersuchungsbereichs (in Anlehnung an /62/)

4.1.2   Analyse des Informations- und Auftragsflusses

In der Analyse des Auftrags- und Informationsflusses wird der Auftragsbearbeitungsprozeß qualitativ erfaßt. Ergebnis der Analyse sind die vollständigen Ablaufpläne für jede der repräsentativen Auftragsgruppen über den gesamten Untersuchungsbereich. Eine Methode zur Erfassung des Auftrags- und Informationsflusses sind Informationsflußdiagramme, die im Anhang A ausführlich beschrieben sind.

Im Informationsflußdiagramm sind die Arbeitsstationen mit ihren detailliert beschriebenen Tätigkeiten im Auftragsbearbeitungsprozeß eingeordnet. Ziel der Flußdiagramme ist es, neben dem Aufzeigen von Tätigkeiten und Informationsinhalten auch bestehende Informationsdefizite im Auftragsfluß sichtbar zu machen, in dem die Wege von Informationen, verwendete Medien, Informationsquellen und -empfänger in ihrer zeitlichen Abhängigkeit aufgenommen werden.

4.1.3 Durchlaufzeiterhebung

Die Durchlaufzeiterhebung liefert die zur Durchlaufzeit-Bewertung benötigten Zeitdaten. Für jeden im Untersuchungszeitraum und -bereich zu erfassenden Auftrag werden in der Erhebung detaillierte Informationen an den einzelnen Arbeitsstationen festgehalten. Dabei müssen die zu erfassenden Zeitinformationen für jeden Auftrag Rückschlüsse über den Anteil der vier Durchlaufzeitklassen zulassen. Es sind deshalb an jeder Arbeitsstation drei Zeitpunkte der Auftragsbearbeitung eines Auftrags zu erfassen (siehe Anhang B):

- der Eingang des Auftrags an der Arbeitsstation,
- der Bearbeitungsbeginn,
- das Ende der Bearbeitung bzw. der Ausgang des Auftrags.

In Unternehmen des Maschinen- und Anlagenbaus betragen die Durchlaufzeiten im indirekten Bereich oft mehrere Monate. Aus diesem Grund reicht in den meisten Fällen eine tagesgenaue Erhebung der Zeitdaten völlig aus. Ein kürzeres Erhebungsraster (z.B. auf Stundenbasis) liefert bei Anwendung der in dieser Arbeit vorgestellten Auswertungsmethode keine genaueren Erkenntnisse.

4.1.4 Erhebung von Haupt- und Nebendurchführungszeiten

Welche Anteile die Haupt- und Nebendurchführungszeiten an der Durchlaufzeit einer Arbeitsstation beanspruchen, läßt sich allein aus den drei erfaßten Bearbeitungszeitpunkten nicht ableiten. Erschwerend wirkt sich hier aus, daß Beginn der Haupt- und Ende der Nebendurchführungszeit sich nicht explizit für jeden Auftrag erfassen läßt. Als Grund hierfür ist der oft fließende Übergang von Neben- zu Hauptdurchführungszeiten zu nennen. Dieser Übergang bleibt selbst für den Mitarbeiter einer Arbeitsstation häufig intransparent und kann deshalb von ihm auch nicht auftragsbezogen aufgezeichnet werden.

Zur Differenzierung der Haupt- und Nebendurchführungszeiten bietet sich die getrennte Erhebung von arbeitsstationsspezifischen Zeitanteilen an - sogenannte Nebendurchführungszeitfaktoren (p) -, die in Form von Prozentangaben für jede Arbeitsstation den Anteil der Nebendurchführungs- an den Bearbeitungszeiten angeben. Zwei Methoden zur Erhebung der Zeitfaktoren sind im Anhang C dokumentiert.

4.1.5 Vorarbeiten zur Quantifizierung

Bevor mit der eigentlichen Quantifizierungsarbeit begonnen werden kann, müssen die erhobenen Daten auswertungsgerecht aufbereitet sein. Hierzu sind im wesentlichen vier Vorarbeiten notwendig:

- Die Informationsflußdiagramme sind durch Reduzieren der Informationsflüsse auf reine Auftragsflüsse und Eliminieren aller Tätigkeitsinformationen in Auftragsnetzpläne umzuwandeln.

- Die Einwirkung der einzelnen Arbeitsstationen ist als wertsteigernde oder wertneutrale Tätigkeit zu klassifizieren. Aus der Einschätzung als wertsteigernde Tätigkeit erfolgt die Zurechnung zu Neben- und Hauptdurchführungszeiten, aus der wertneutralen Einordnung die Zurechnung zu Transformationszeiten im Auftragsnetzplan.

- Anschließend sind die erfaßten Durchlaufzeitdaten den einzelnen Arbeitsstationen im Auftragsnetzplan zuzuordnen, damit die Auswertung stationsbezogene Ergebnisse liefern kann.

- Im letzten Vorbereitungsschritt werden die Daten so verändert, daß eine EDV-gestützte Auswertung ermöglicht wird. Hierbei ist insbesondere der reguläre Jahres- durch den Betriebskalender zu ersetzen.

Eine ausführliche Beschreibung dieser Vorarbeiten kann dem Anhang D entnommen werden.

4.2 Quantifizierung der Durchlaufzeit-Bestandteile

Die Quantifizierung der Durchlaufzeit-Bestandteile beginnt, wenn alle im Untersuchungszeitraum und -bereich angefallenen Daten auswertungsgerecht vorliegen. Die Auswertung der Zeitbestandteile erfolgt dabei ausschließlich stationsbezogen, d.h. die Zeitbestandteile der einzelnen Aufträge aus den Auftragsgruppen werden an den einzelnen Arbeitsstationen zu aussagekräftigen Mittelwerten verdichtet. Aus den aufgezeichneten Daten werden so die über alle Aufträge einer Gruppe gemittelten Liege-, Transformations-, Haupt- und Nebendurchführungszeiten jeder einzelnen Arbeitsstation abgeleitet.

Die Quantifizierung der Durchlaufzeit-Bestandteile muß als Ergebnis an jeder Arbeitsstation im Untersuchungsbereich die Anteile aller vier Durchlaufzeit-Bestandteile ausweisen. Dabei ist zu beachten, daß die Ergebnisse der Quantifizierung nach Auftragsgruppen differenziert werden.

Im ersten Auswertungsschritt werden zunächst auftragsbezogen die anteiligen Einwirk- und Liegezeiten an der Durchlaufzeit der einzelnen Arbeitsstationen berechnet. Die Liegezeiten ergeben sich dabei als Differenz zwischen Durchlauf- und Einwirkzeiten.

Anschließend werden die Einwirk- und Liegezeiten der Einzelaufträge zu auftragsgruppenbezogenen Zeitanteilen zusammengefaßt. Zu diesem Zweck wird je Arbeitsstation und Auftragsgruppe eine durchschnittliche Einwirk- und Liegezeit berechnet.

Im letzten Schritt erfolgt die weitere Unterteilung der Einwirkzeiten in Transformations-, Neben- und Hauptdurchführungszeiten. Basis dieser Unterteilung bilden die im zweiten Schritt errechneten Durchschnitts-Einwirkzeiten der einzelnen Arbeitsstationen. Nach Abschluß dieser Arbeiten kann die monetäre Bewertung durchgeführt werden.

4.2.1 Unterteilung der Durchlaufzeit eines Auftrags an einer Arbeitsstation in Einwirk- und Liegezeit

Wenn an jeder Arbeitsstation an einem Tag maximal ein Auftrag bearbeitet wird und auf jeden Auftrag maximal eine Arbeitsstation an einem Tag einwirkt, läßt sich aus Ausgangsdatum des Auftrags an der vorgelagerten Arbeitsstation sowie Bearbeitungsbeginn und Ausgangsdatum an der auszuwertenden Arbeitsstation die auftragsbezogene Einwirkzeit direkt abschätzen.

Sei $T_{B_{i;z}}$ der Bearbeitungsbeginn des Auftrags "z" an der Arbeitsstation "i",

$T_{A_{i;z}}$ das Ausgangsdatum des Auftrags "z" der Arbeitsstation "i".

Dann errechnet sich die Einwirkzeit der Arbeitsstation "i" auf den Auftrag "z" zu

$$t_{EW_{i;z}} = T_{A_{i;z}} - T_{B_{i;z}} + 1 \text{ [Tage]} \quad (1.1).$$

Aus Durchlaufzeit und Einwirkzeit der Arbeitsstation "i" auf den Auftrag "z" läßt sich dann direkt die Liegezeit zwischen den Stationen "v" und "i" ableiten:

Sei $\quad t_{D_{v;i;z}} = T_{A_{i;z}} - T_{A_{v;z}} + 1 \text{ [Tage]} \quad\quad\quad (1.2)$

die Durchlaufzeit des Auftrags "z" an der Arbeitsstation "i".

So ist
$$\begin{aligned}
t_{L_{v;i;z}} &= t_{D_{v;i;z}} - t_{EW_{i;z}} \text{ [Tage]} &&(1.3)\\
&= (T_{A_{i;z}} - T_{A_{v;z}} + 1) - (T_{A_{i;z}} - T_{B_{i;z}} + 1) \text{ [Tage]} &&(1.3')\\
&= T_{B_{i;z}} - T_{A_{v;z}} \text{ [Tage]} &&(1.4),
\end{aligned}$$

die Liegezeit des Auftrags "z" zwischen den Stationen "v" und "i", wenn Formel (1.1) und (1.2) in (1.3) eingesetzt werden.

Die direkte Abschätzung der Einwirkzeit mit Formel (1.1) läßt sich nicht anwenden, wenn auf zwei Aufträgen an einem Tag bzw. gleichzeitig an einer Arbeitsstation eingewirkt wird (Beispiel 1).

Sei
$$\begin{aligned}
T_{B_{i;1}} &= T_{B_{i;2}} &&= 139 \text{ und}\\
T_{A_{i;1}} &= T_{A_{i;2}} &&= 140,
\end{aligned}$$

so erhält man durch Einsetzen der Werte für Auftrag "1" und "2" in Formel (1.1) :

$$t_{EW_{i;1}} = 140 - 139 + 1 = 2 \text{ Tage},$$

$$t_{EW_{i;2}} = 140 - 139 + 1 = 2 \text{ Tage}.$$

Nach dieser Abschätzung wurde auf beide Aufträge jeweils zwei Tage an der Arbeitsstation "i" eingewirkt. Somit hätte die gesamte Einwirkzeit der Arbeitsstation "i" auf beide Aufträge vier Tage betragen. Tatsächlich benötigte die Arbeitsstation "i" für die Einwirkung aber nur insgesamt zwei Tage. Die mit Formel (1.1) abgeschätzte Einwirkzeit ist für diesen Fall zu hoch.

Ein weiterer Fall, an dem die direkte Abschätzung mit Formel (1.1) zu verfälschten Ergebnissen führt, ist, wenn ein Auftrag an einem Tag mehrere Arbeitsstationen durchläuft (Beispiel 2).

$$\text{Sei z.B.} \quad T_{B_{1;z}} = T_{A_{1;z}} = T_{B_{2;z}} = 125,$$

$$T_{A_{2;z}} = 126.$$

So ergeben sich als Einwirkzeiten der Arbeitsstationen "1" und "2" bei Anwendung von Formel (1.1) folgende Resultate:

$$t_{EW_{1;z}} = 125 - 125 + 1 = 1 \text{ Tag},$$

$$t_{EW_{2;z}} = 126 - 125 + 1 = 2 \text{ Tage}.$$

Nach der Abschätzung wurde auf den Auftrag "z" an der Arbeitsstation "2" zwei Tage, an der Station "1" ein Tag lang eingewirkt. Insgesamt standen aber nur zwei Arbeitstage für die Einwirkung zur Verfügung, so daß die verwendete direkte Abschätzung auch hier zu einer zu hohen Gesamteinwirkzeit führt.

Aufgrund dieser beiden Fälle sind bei der Abschätzung der Einwirkzeiten zwei zusätzliche Fragestellungen zu berücksichtigen:

- Auf wie viele Aufträge hat eine Arbeitsstation an einem bestimmten Tag eingewirkt?

- Wie viele Arbeitsstationen haben insgesamt auf einen bestimmter Auftrag an einem Tag eingewirkt?

Aus der Beantwortung dieser beiden Fragen ergeben sich Einschränkungen bezüglich der Abschätzung der realen Einwirk- und der daraus resultierenden Liegezeit. In den folgenden vier Abschnitten werden die aus Beachtung der Einschränkungen sich ergebenden Berechnungen hergeleitet. Dabei führt die Beantwortung der ersten Fragestellung zur Ermittlung der maximal möglichen Einwirkzeit an einer Arbeitsstation. Die Berücksichtigung der zweiten Fragestellung ergibt die Abschätzung der theoretischen Einwirkzeit einer Arbeitsstation auf einen Auftrag. Die Zusammenfassung von maximal möglicher und theoretischer Einwirkzeit zu einer gemeinsamen Abschätzung ist Inhalt des dritten Abschnitts. Die Ermittlung der Liegezeit erfolgt dann schließlich im letzten Abschnitt.

4.2.1.1 Abschätzung der maximal möglichen Einwirkzeit einer Arbeitsstation auf einen Auftrag

Wenn eine Arbeitsstation an einem Tag vollständig auf mehrere Aufträge einwirkt, beginnt und endet die Einwirkung für diese Aufträge am selben Tag. Eine Abschätzung der maximal möglichen Einwirkzeit auf den Auftrag an dieser Arbeitsstation ergibt sich dann durch die gleichmäßige Aufteilung der gesamten Einwirkzeit auf die betroffenen Aufträge.

In der Praxis kann es aber auch Aufträge geben, auf die diese Arbeitsstation länger als einen Tag einwirkt. In diesem Fall kann in der Abschätzung davon ausgegangen werden, daß während des gesamten Einwirkzeitraums an der Arbeitsstation auf alle parallel zu bearbeitenden Aufträge gleichmäßig eingewirkt wird und sich somit die Einwirkung gleichmäßig auf die zur Verfügung stehenden Arbeitstage verteilt.

Durch die auftragsbezogene Mittelung der Einwirkzeit wird das Gesamtergebnis der Durchlaufzeit-Quantifizierung (vgl. Abschnitt 4.2.2) nicht beeinträchtigt, da das Ziel der Quantifizierung die Ermittlung von durchschnittlichen Einwirk- und Liegezeiten für bestimmte Auftragsgruppen an der jeweiligen Arbeitsstation ist und damit auftragsspezifische Schwankungen spätestens bei der Durchschnittsbildung weggemittelt werden.

Ein Beispiel verdeutlicht die Vorgehensweise. Auf drei Aufträge wirkt eine Arbeitsstation parallel ein. Die Bearbeitung der drei Aufträge beginnt und endet gleichzeitig. Pro Arbeitstag wird die Einwirkung der Arbeitsstation mit einem drittel Tag pro Auftrag abgeschätzt. Insgesamt ergibt sich an der Arbeitsstation damit für jeden Auftrag eine Einwirkzeit von einem Tag.

Aus diesen Überlegungen heraus folgt, daß jeder Auftrag dahingehend untersucht werden muß, wie lange eine Arbeitsstation an einzelnen Bearbeitungstagen theoretisch auf den Auftrag hätte einwirken können. Es ergibt sich dann pro Arbeitsstation und Tag eine anteilige Einwirkzeit, die sich aus der Anzahl der von der Station bearbeiteten Aufträge ableitet. Erstreckt sich dann die Einwirkung auf einen Auftrag über mehrere Tage hinweg, so sind die Einwirkzeiten der einzelnen Tage zu einer Gesamteinwirkzeit aufzuaddieren. Die Gesamteinwirkzeit wird im folgenden als "maximal mögliche Einwirkzeit" bezeichnet.

Ein weiteres Beispiel vertieft die geschilderten Überlegungen. Auf einen Auftrag "x" wird an drei Tagen an einer Arbeitsstation eingewirkt. Am ersten Tag bearbeitet die Station zusätzlich drei, am letzten Tag vier Aufträge vollständig. Als Abschätzung entfällt am ersten Tag auf jeden Auftrag eine Einwirkzeit von 0,25 Tagen, am letzten Tag von 0,2 Tagen. Insgesamt ergibt sich also eine Einwirkzeit auf den Auftrag "x" von $0{,}25 + 1 + 0{,}2 = 1{,}45$ Tagen.

In Formelschreibweise errechnet sich die maximal mögliche Einwirkzeit an der Arbeitsstation "i" auf den Auftrag "z" wie folgt:

$$t_{EWmax_{i;z}} = \sum_{l=T_{B_{i;z}}}^{T_{A_{i;z}}} \frac{M_{i;l}}{N_{i;l}} \ [Tage] \quad (2).$$

Wobei $M_{i;l}$ die Anzahl der Mitarbeiter der Arbeitsstation "i" am Tag "l" und

         $N_{i;l}$ die Anzahl der Aufträge ist, auf die an der Arbeitsstation "i" am

               Tag "l" eingewirkt wurde.

Die Anwendung der Formel (2) für das Beispiel 1 aus 4.2.1 zeigt die Plausibilität der gefundenen Abschätzung.

Sei $T_{B_{i;1}} \quad = T_{B_{i;2}} \quad = 139,$

        $T_{A_{i;1}} \quad = T_{A_{i;2}} \quad = 140.$

Durch Einsetzen der Werte für Auftrag "1" und "2" in Formel (2) erhält man:

$$t_{EWmax_{i;1}} = \frac{1}{2} + \frac{1}{2} = 1 \, Tag,$$

$$t_{EWmax_{i;2}} = \frac{1}{2} + \frac{1}{2} = 1 \, Tag.$$

Für die Einwirkung standen im Beispiel 1 auch real zwei Tage zur Verfügung, so daß die Abschätzung der maximal möglichen Einwirkzeit für diesen Fall ein sinnvolles Ergebnis liefert. Interessant ist dabei aber auch, daß sich bei sequentieller Auftragsbearbeitung an einer Arbeitsstation aus Formel (2) direkt der Sonderfall der Formel (1.1) ableiten läßt.

Sei $\quad N_{i;l} \quad = M_{i;l} \quad = 1$, dann ergibt sich:

$$t_{EWmax_{i;z}} = \sum_{l=T_{B_{i;z}}}^{T_{A_{i;z}}} \frac{1}{1} = T_{A_{i;z}} - T_{B_{i;z}} + 1 \; [\text{Tage}].$$

4.2.1.2 Abschätzung der theoretischen Einwirkzeit auf einen Auftrag an einer Arbeitsstation

Tritt der Fall ein, daß ein Auftrag an einem Tag mehrere Arbeitsstationen vollständig durchläuft - d.h. die der Durchlaufsequenz vorgelagerte Station hat die Einwirkung bereits am Vortag abgeschlossen und die nächste nachgelagerte Station beginnt erst am folgenden Tag mit der Einwirkung -, so teilt sich die Durchlaufzeit dieses Tages auf die Anzahl der Stationen auf, die in dieser Bearbeitungssequenz eingebunden sind. Auch hier wird wieder als Abschätzung angesetzt, daß jede Station gleich lange auf einen einzelnen Auftrag einwirkt. Diese Abschätzung führt zur Ermittlung der "theoretischen Einwirkzeit" auf einen Auftrag.

Durchläuft ein Auftrag an einem Tag mehrere Arbeitsstationen, und wirken zudem die erste oder die letzte Station länger als einen Tag auf den Auftrag ein, so werden an der ersten bzw. letzten Station ebenfalls anteilige Einwirkzeiten für den Tag mit der beschriebenen Bearbeitungssequenz zugerechnet. Die Einwirkzeit von vor bzw. nach der Sequenz liegenden Tagen bleibt von der Abschätzung unberührt.

Ein Beispiel verdeutlicht die Abschätzung. Ein Auftrag durchläuft an einem Tag drei Arbeitsstationen vollständig. Eine vierte Station beginnt an diesem Tag mit der Einwirkung und beendet sie am nächsten Tag. Die Einwirkzeit an den ersten drei Stationen wird mit 0,25 Tagen, die der letzten Station mit 1,25 Tagen abgeschätzt. Dieser Abschätzung liegt die Annahme zugrunde, daß am ersten Tag jede der vier Stationen einen viertel Tag lang auf den Auftrag einwirkt, während der Auftrag am zweiten Tag nur an der letzten Station bearbeitet wird.

Sei also $\quad TB_{h;z} \quad \leq TA_{h;z} \quad = TB_{k;z} \quad \leq TA_{k;z}$.

Dabei ist "h" die erste Arbeitsstation der eintägigen Bearbeitungssequenz, "k" die letzte Station. So gilt für Einwirk- und Durchlaufzeit an den zwischen "h" und "k" liegenden Stationen "i" und "j":

$$^tEWtheor_{j;z} = {}^tD_{i;j;z} = \frac{1}{k-h+1} \; [\text{Tage}] \qquad (3.1).$$

Für die erste Station "h" berechnen sich Einwirk- und Durchlaufzeit wie folgt, wenn "g" die "h" direkt vorgelagerte Station ist:

$$^tEWtheor_{h;z} = (TA_{h;z} - 1) - TB_{h;z} + 1 + \frac{1}{k-h+1} \; [\text{Tage}] \qquad (3.2),$$

und

$$^tD_{g;h;z} = (TA_{h;z} - 1) - TA_{g;z} + 1 + \frac{1}{k-h+1} \; [\text{Tage}] \qquad (3.3).$$

Einwirk- und Durchlaufzeit an der letzten Station "k" ergeben sich dann wie folgt, wenn "j" Vorgängerstation von "k" ist:

$$^tEWtheor_{k;z} = TA_{k;z} - (TB_{k;z} + 1) + 1 + \frac{1}{k-h+1} \; [\text{Tage}] \qquad (3.4)$$

und

$$^tD_{j;k;z} = TA_{k;z} - (TA_{j;z} + 1) + 1 + \frac{1}{k-h+1} \; [\text{Tage}] \qquad (3.5).$$

Aus der Zusammenfassung der Formeln (3.1), (3.2) und (3.4) ergibt sich die Formel für die theoretische Einwirkzeit auf einen Auftrag an einer Arbeitsstation "j" während einer eintägigen Bearbeitungssequenz "h" bis "k":

$$t_{EWtheor_{j;z}} = T_{A_{j;z}} - T_{B_{j;z}} + \frac{1}{k-h+1} \quad \text{[Tage]} \qquad (3.6).$$

Die Zusammenfassung von Formel (3.1), (3.3) und (3.5) ergibt die Formel für die Durchlaufzeit des Auftrags an einer Arbeitsstation "j". Dabei sei die Vorgängerstation "i":

$$t_{D_{i;j;z}} = T_{A_{j;z}} - T_{A_{i;z}} + \frac{1}{k-h+1} \quad \text{[Tage]} \qquad (3.7).$$

Die Formel (3.6) schätzt damit ab, wie lange eine Arbeitsstation maximal auf einen Auftrag hätte einwirken können, wenn andere Stationen ebenfalls auf den gleichen Auftrag am selben Tag einwirken. Dabei decken die Formeln (3.6) und (3.7) insbesondere auch den Sonderfall h = k ab. Es ergeben sich in diesem Fall wiederum die Formeln (1.1) und (1.2).

Die Plausibilität der Abschätzung zeigt sich, wenn das zweite Beispiel aus Abschnitt 4.2.1 in Formel (3.6) eingesetzt wird:

$$\text{Sei} \qquad T_{B_{1;z}} \quad = T_{A_{1;z}} \quad = T_{B_{2;z}} \quad = 125,$$
$$T_{A_{2;z}} \quad = 126,$$

so ergeben sich als Einwirkzeiten der Arbeitsstationen "1" und "2":

$$t_{EWtheor_{1;z}} = 125 - 125 + \frac{1}{2-1+1} = 0{,}5 \text{ Tage,}$$

$$t_{EWtheor_{2;z}} = 126 - 125 + \frac{1}{2-1+1} = 1{,}5 \text{ Tage.}$$

Insgesamt standen der Arbeitsstation auch zwei Arbeitstage für die Einwirkung zur Verfügung. Die im Vergleich zu Formel (1.1) verfeinerte Abschätzung liefert somit ein sinnvolles Ergebnis.

4.2.1.3 Zusammenführung der Abschätzung von maximal möglicher und theoretischer Einwirkzeit auf einen Auftrag an einer Arbeitsstation

Die ausführliche Diskussion der Berechnung von maximal und theoretisch möglicher Bearbeitungszeit hat gezeigt, daß sich die Abschätzung der Einwirkzeit nach Formel (1.1) als Sonderfall der beiden ausführlichen Abschätzungsmethoden aus den Abschnitten 4.2.1.1 und 4.2.1.2 ergibt. Sie kann deshalb beliebig mit einer der beiden Formeln (2) oder (3.6) berechnet werden.

Offen bleibt jetzt noch die Antwort auf die Frage, welche der beiden genannten Formeln verwendet werden soll, wenn Aufträge an einem Tag mehrere Arbeitsstationen durchlaufen und diese Arbeitsstationen zudem auf mehrere Aufträge parallel einwirken. Das Bild 4.3 zeigt diesen Fall. In diesem Beispiel durchlaufen die Aufträge

Durchlaufsequenzen paralleler Aufträge					
Beispiel für die Abarbeitung paralleler Aufträge in einer eintägigen Bearbeitungssequenz	Arbeitsstationen				
	Station S1	Station S2	Station S3	Station S4	$t_{EW\ theor}$ [Tag]
Auftrag A$_1$		X	X	X	1 / 3
Auftrag A$_2$	X	X	X		1 / 3
Auftrag A$_3$		X	X		1 / 2
Auftrag A$_4$	X			X	1 / 2
Auftrag A$_5$	X	X	X	X	1 / 4
$t_{EW\ max}$ [Tag]	1 / 3	1 / 4	1 / 4	1 / 3	

Bild 4.3: Beispiel für Durchlaufsequenzen mit paralleler Bearbeitung mehrerer Aufträge

A1, A2, A3, A4 und A5 die Bearbeitungssequenz in der Reihenfolge S1, S2, S3, S4 entweder teilweise oder vollständig.

Die Abschätzung mit der theoretisch möglichen Einwirkzeit an einer Arbeitsstation führt immer dann zu einer zu hohen Abschätzung, wenn die Länge der Durchlaufsequenz kleiner als die Anzahl der an der Arbeitsstation bearbeiteten Aufträge ist (z.B. bei Auftrag A3 an Station S3). Umgekehrt wird die Abschätzung mit der maximalen Einwirkzeit zu hoch, wenn die Anzahl der an einer Arbeitsstation bearbeiteten Aufträge kleiner als die Länge der Durchlaufsequenz ist (z.B. bei Auftrag A5 an Station S1).

Da in dieser Arbeit die Grundphilosophie der Abschätzung von Durchlaufzeit-Potentialen dem Prinzip der kaufmännischen Vorsicht folgt, würde sowohl eine zu hohe Abschätzung von Transformations- als auch eine zu niedrige Abschätzung von Bearbeitungszeiten ein zu großes Durchlaufzeit-Potential ergeben. Aus diesem Grund sind an dieser Stelle Bearbeitungs- und Transformationszeiten zu unterscheiden. Bearbeitungszeiten werden mit dem Maximum, Transformationszeiten mit dem Minimum der maximal bzw. theoretischen Einwirkzeit abgeschätzt. Es ergeben sich dann

$$t_{B_{i;z}} = \max(t_{EWmax_{i;z}}; t_{EWtheor_{i;z}}) \quad [\text{Tage}] \quad (4.1),$$

$$t_{T_{i;z}} = \min(t_{EWmax_{i;z}}; t_{EWtheor_{i;z}}) \quad [\text{Tage}] \quad (4.2),$$

sowie als Einwirkzeit der Arbeitsstation "i"

$$t_{EW_{i;z}} = \begin{cases} \max(t_{EWmax_{i;z}}; t_{EWtheor_{i;z}}) & \text{für } t_{T_{i;z}}=0,\ t_{B_{i;z}}>0 \\ \min(t_{EWmax_{i;z}}; t_{EWtheor_{i;z}}) & \text{für } t_{T_{i;z}}>0,\ t_{B_{i;z}}=0 \end{cases} \quad [\text{Tage}] \quad (4.3).$$

4.2.1.4 Ermittlung des Liegezeitanteils eines Auftrags an einer Arbeitsstation

Nach Formel (1.3) wird die Liegezeit eines Auftrags an der Arbeitsstation "j", wenn der direkte Vorgänger die Station "i" ist, aus der Differenz von Durchlauf- und Einwirkzeit errechnet:

$$t_{L_{i;j;z}} = t_{D_{i;j;z}} - t_{EW_{j;z}} \quad \text{[Tage]} \quad (1.3).$$

Die Länge der Durchlaufzeit eines Auftrag mit dem Vorgänger "i" an der Arbeitsstation "j" während einer eintägigen Bearbeitungssequenz "h" bis "k" ergibt sich nach Formel (3.7), die Einwirkzeit aus Formel (4.3). Durch Einsetzen der Formeln (3.7) und (4.3) in (1.3) wird die Liegezeit wie folgt ermittelt:

$$t_{L_{i;j;z}} = T_{A_{j;z}} - T_{A_{i;z}} + \frac{1}{k-h+1} - \begin{cases} \max(t_{EW max_{j;z}}, t_{EW theor_{j;z}}) & \text{für } t_{T_{j;z}}=0, t_{B_{j;z}}>0 \\ \min(t_{EW max_{j;z}}, t_{EW theor_{j;z}}) & \text{für } t_{T_{j;z}}>0, t_{B_{j;z}}=0 \end{cases} \quad \text{[Tage]}$$

$$(5).$$

Die Formel (5) gilt auch für den Sonderfall, daß ein Auftrag lediglich eine Station an einem Tag durchläuft, die zudem ausschließlich auf diesen Auftrag einwirkt. Es entsteht dann wieder die Formel (1.4). Damit dieser Fall eintritt, muß sowohl $h = i = j = k$ als auch $N_{i;1} = M_{i;1} = 1$ sein.

4.2.2 Ermittlung der durchschnittlichen Einwirk- und Liegezeit an den einzelnen Arbeitsstationen

Die Ermittlung der Einwirk- und Liegezeitanteile an den einzelnen Arbeitsstationen erfolgt durch Zusammenfassung der Zeiten für Einzelaufträge zu Durchschnittswerten. Hierbei ist für jede repräsentative Auftragsgruppe ein eigener Durchschnittswert zu bilden.

Sei "Z" eine repräsentative Auftragsgruppe. Die durchschnittlichen Einwirk-, Liege- und Durchlaufzeiten der im Untersuchungszeitraum von der Arbeitsstation "i" - die als Vorgänger die Station "v" hat - bearbeiteten Aufträge "z" ∈ "Z" errechnen sich aufgrund der nachfolgenden Formeln (6.1), (6.2) und (6.3).

Sei $N_{i;Z}$ die Anzahl der an der Arbeitsstation "i" bearbeiteten Aufträge aus der repräsentativen Auftragsgruppe Z.

So sind

$$t_{EW_{i;Z}} = \sum_{z \in Z} t_{EW_{i;z}} \cdot \frac{1}{N_{i;Z}} \ [\text{Tage}] \quad (6.1),$$

$$t_{L_{v;i;Z}} = \sum_{z \in Z} t_{L_{h;i;z}} \cdot \frac{1}{N_{i;Z}} \ [\text{Tage}] \quad (6.2),$$

$$t_{D_{v;i;Z}} = t_{EW_{i;Z}} + t_{L_{h;i;Z}} \ [\text{Tage}] \quad (6.3).$$

Durch die getrennte Betrachtung der repräsentativen Auftragsgruppen wird für jede Auftragsgruppe und jede Arbeitsstation aus dem Untersuchungsbereich ein eigener Durchschnittswert für die Liege-, Einwirk- und Durchlaufzeit ermittelt. Auf diese Weise werden differenzierte Aussagen bezüglich des Auftragsdurchlaufs einzelner Auftragsgruppen ermöglicht.

4.2.3 Unterteilung der Einwirkzeit in Transformations-, Neben- und Hauptdurchführungszeit an einer Arbeitsstation

Die Unterteilung der Einwirk- in Bearbeitungs- und Transformationszeit sollte sich direkt aus der Klassifizierung der Tätigkeiten (vgl. Abschnitt 4.1.5 und Anhang D) ergeben. Da die durchschnittliche Einwirkzeit der Arbeitsstation "i" auf eine repräsentative Auftragsgruppe "Z" in jedem Fall entweder der Bearbeitungs- (Tätigkeits-Klasse "B") oder der Transformationszeit (Tätigkeits-Klasse "T") eindeutig zugeordnet wird (vgl. Abschnitt 3.3), ergibt sich folgende Aufteilung der Einwirkzeiten:

$$t_{T_{i;Z}} = \begin{cases} t_{EW_{i;Z}} & \text{für Tätigkeit} = \text{"T"} \\ 0 & \text{für Tätigkeit} = \text{"B"} \end{cases} \quad [\text{Tage}] \quad (7.1),$$

$$t_{B_{i;Z}} = \begin{cases} 0 & \text{für Tätigkeit} = \text{"T"} \\ t_{EW_{i;Z}} & \text{für Tätigkeit} = \text{"B"} \end{cases} \quad [\text{Tage}] \quad (7.2).$$

Als letzte fehlende Aufteilung der Durchlaufzeit-Bestandteile verbleibt nur noch die Differenzierung der wertsteigernden Bearbeitungszeit - nach Formel (7.2) - in Neben- und Hauptdurchführungszeit. Diese Unterteilung erfolgt in Form einer Abschätzung mit Hilfe des Nebendurchführungszeitfaktors "p_i" (vgl. Abschnitt 4.1.4). Damit ergibt sich die Haupt- bzw. Nebendurchführungszeit der Arbeitsstation "i" zu

$$t_{ND_{i;Z}} = \frac{p_i}{100} \cdot t_{B_{i;Z}} \; [\text{Tage}] \quad (7.3),$$

$$t_{HD_{i;Z}} = (1 - \frac{p_i}{100}) \cdot t_{B_{i;Z}} \; [\text{Tage}] \quad (7.4).$$

4.3 Monetäre Bewertung der Durchlaufzeit

Die Vorgehensweise zur monetären Bewertung der Durchlaufzeit orientiert sich an der in Abschnitt 3.4 vorgegebenen zweistufigen Bezugsgrößenhierarchie. Im ersten Bewertungsschritt wird der Kostenauflauf abgeschätzt, der durch die Bezugsgrößen der ersten Hierarchiestufe, den Einwirkzeiten, direkt verursacht wird. Anschließend wird die Kapitalbindung - als Bezugsgröße der zweiten Hierarchiestufe - für einen durchschnittlichen Auftrag einer repräsentativen Auftragsgruppe monetär bewertet.

Im letzten Schritt wird aus den Ergebnissen der beiden Hierarchiestufen das monetäre Durchlaufzeit-Potential der untersuchten Organisationsstruktur abgeleitet.

In den ersten beiden Bewertungsschritten muß die Struktur des Auftragsbearbeitungsprozeß berücksichtigt werden. Dies geschieht durch eine retrograde Betrachtung an jeder einzelnen Arbeitsstation, ob sie im Sinne des Kostenauflaufs einen oder mehrere Vorgänger im Prozeß besitzt und mit welcher Wahrscheinlichkeit sie von den Vorgängerstationen einen Auftrag erhält. Hierzu muß der gesamte Auftragsbearbeitungsprozeß in die vier Grundelemente sequentieller, paralleler, unbedingt und bedingt verzweigter Prozeß aufgeteilt und die Vorgänger-Beziehungen aufgrund der Kostenauflauf-Pfade definiert werden (vgl. Abschnitt 3.2).

Anschließend wird an jeder Arbeitsstation "i" die Menge

$$V_{i;P;Z} = \{x \mid x \text{ ist direkter "Kostenauflauf"-Vorgänger von i im}$$

$$\text{Prozeßpfad P der Auftragsgruppe Z}\}$$

gebildet. Je nachdem, ob "i" eine Vorgängerstation im Sinne des Kostenauflaufs besitzt, ist $V_{i;P;Z} = \emptyset$ oder $V_{i;P;Z} \neq \emptyset$. Die Summe der Wahrscheinlichkeiten "w_v", mit denen "i" Aufträge von "v" im Pfad "P" erhält, ist

$$\sum_{v \in V_{i;P;Z}} w_v = \begin{cases} n_{i;P;Z}, & \text{falls } V_{i;P;Z} \neq \emptyset \\ 0, & \text{falls } V_{i;P;Z} = \emptyset \end{cases} ,$$

wobei "$n_{i;P;Z}$" die Anzahl der parallelen Kostenauflauf-Pfade ist, die in "i" enden.

4.3.1 Berechnung des Kostenauflaufs

Grundlage der Berechnung des Kostenauflaufs sind die Durchlaufzeit-Bestandteile, an denen sowohl wertsteigernde als auch -neutrale Einwirkungen auf einen Auftrag geschehen. Dabei basiert die Bewertung auf den Zeitanteilen, auf die je repräsentative Auftragsgruppe auf einen durchschnittlichen Auftrag an einer Arbeitsstation eingewirkt wird.

Die Formeln (7.1), (7.3) und (7.4) schätzen die durchschnittlichen Einwirkzeitanteile der einzelnen Arbeitsstationen einer repräsentativen Auftragsgruppe "Z" ab. In Verbindung mit den Überlegungen der Abschnitte 3.2 und 3.4.1 berechnen sich die von den einzelnen Durchlaufzeit-Bestandteilen verursachten Kostenaufläufe eines durchschnittlichen Auftrag nach Abschluß der Einwirkung einer Arbeitsstation "i",

wenn k_{P_i} die der Einwirkzeit t_{EW_i} am Arbeitsplatz "i" direkt zurechenbaren Personalkosten pro Tag sind,

und $k_{X_{P;Z}}(i)$ der Kostenauflauf an der Station "i" im Prozeßpfad "P" der Auftragsgruppe "Z" ist, der vom Durchlaufzeitbestandteil "X" verursacht wurde,

so sind:

$$k_{HD_{P;Z}}(i) = t_{HD_{i;Z}} \cdot k_{P_i} + \begin{cases} \displaystyle\sum_{v \in V_{i;P;Z}} w_v \cdot k_{HD_{P;Z}}(v), & \text{falls } V_{i;P;Z} \neq \varnothing \\[2ex] 0, & \text{falls } V_{i;P;Z} = \varnothing \end{cases} \quad \text{[DM]}$$

$$(8.1),$$

$$k_{ND_{P;Z}}(i) = t_{ND_{i;Z}} \cdot k_{P_i} + \begin{cases} \displaystyle\sum_{v \in V_{i;P;Z}} w_v \cdot k_{ND_{P;Z}}(v), & \text{falls } V_{i;P;Z} \neq \varnothing \\[2ex] 0, & \text{falls } V_{i;P;Z} = \varnothing \end{cases} \quad \text{[DM]}$$

$$(8.2),$$

$$k_{T_{P;Z}}{}^{(i)} \quad = t_{T_{i;Z}} \quad \bullet k_{P_i} + \begin{cases} \displaystyle\sum_{v \in V_{i;P;Z}} w_v \bullet k_{T_{P;Z}}{}^{(v)}, & \text{falls } V_{i;P;Z} \neq \emptyset \\[2em] 0, & \text{falls } V_{i;P;Z} = \emptyset \end{cases} \qquad \text{[DM]}$$

$$(8.3).$$

Das Bild 4.4 stellt die durch die Formeln (8.1), (8.2) und (8.3) definierten Kostenaufläufe der einzelnen Durchlaufzeit-Bestandteile für einen Prozeßpfad und einen Auftrag graphisch dar. Der gesamte Kostenauflauf eines Pfades (vgl. Bild 3.6) ergibt sich durch Aufsummieren der drei Teilaufläufe.

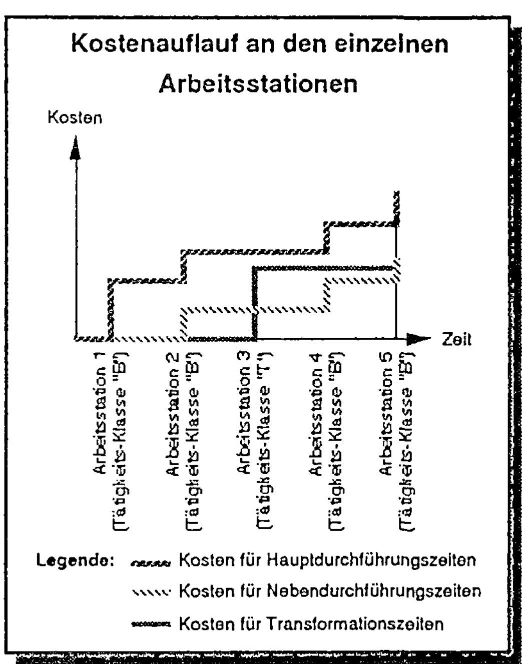

Bild 4.4: Stufendiagramm des nach Einwirkzeiten differenzierten Kostenauflaufs

4.3.2 Berechnung der Kapitalbindung

Im Gegensatz zum Kostenauflauf entstehen Kapitalbindungskosten während der gesamten Durchlaufzeit eines Auftrags, d.h. also auch dann, wenn während einer Liegezeit nicht direkt auf den Auftrag eingewirkt wird. Ein weiterer Unterschied zwischen Kapitalbindung und Kostenauflauf ist, daß bei der Zuordnung von Kapitalbindungsanteilen zum Durchlaufzeit-Potential ein zweidimensionales Bezugsgrößenfeld beachtet werden muß. Deshalb müssen die Kapitalbindungsanteile einerseits bezüglich der zu bewertenden, andererseits bezüglich der kostenauflaufverursachenden Durchlaufzeit-Bestandteile differenziert werden.

Die Berechnung der Kapitalbindungsanteile orientiert sich deshalb ebenfalls an diesem zweidimensionalen Bezugsgrößenfeld. In den nächsten vier Abschnitten wird - auf Basis eines durchschnittlichen Auftrags der Auftragsgruppe "Z" - die Berechnung der während des Auftragsdurchlaufs entstehenden Kapitalbindungsanteile durchgeführt. Die Berechnung unterscheidet - je nach Verursachung des Kostenauflaufs und zu bewertenden Durchlaufzeit-Bestandteil - in Haupt- bzw. Nebendurchführungs-, sowie Transformations- und Liegezeiten. Das Bild 4.5 zeigt die zur Berechnung der Kapitalbindungsanteile verwendeten Bezeichnungen.

Benennung der Kapitalbindungsanteile			
kostenauflaufverursachende Zeitanteile zu bewertende Zeitanteile	Hauptdurchführungszeit	Nebendurchführungszeit	Transformationszeit
Hauptdurchführungszeit	$K_{HD;HD_{i;P;Z}}$	$K_{HD;ND_{i;P;Z}}$	$K_{HD;T_{i;P;Z}}$
Nebendurchführungszeit	$K_{ND;HD_{i;P;Z}}$	$K_{ND;ND_{i;P;Z}}$	$K_{ND;T_{i;P;Z}}$
Transformationszeit	$K_{T;HD_{i;P;Z}}$	$K_{T;ND_{i;P;Z}}$	$K_{T;T_{i;P;Z}}$
Liegezeit	$K_{L;HD_{h;i;P;Z}}$	$K_{L;ND_{h;i;P;Z}}$	$K_{L;T_{h;i;P;Z}}$

Bild 4.5: Schema für die Benennung der Kapitalbindungsanteile

Dabei bezeichnet "$K_{X;Y_{i;P;Z}}$" den Kapitalbindungsanteil, der an der Arbeitsstation "i" im Prozeßpfad "P" des Auftragsdurchlaufs von "Z" entsteht und zum Durchlaufzeit-Bestandteil "X" des von "Y" verursachte Kostenauflauf bewertet wird.

In der Berechnung der Kapitalbindungsanteile wird davon ausgegangen, daß die von einer Arbeitsstation erbrachte Einwirkungen auf einen Auftrag während der Einwirkzeit kontinuierlich erfolgt. Es wird somit eine lineare Steigerung des Kostenauflaufs während der Einwirkzeiten vorausgesetzt.

4.3.2.1   Kapitalbindung während der Hauptdurchführungszeit

Während der Hauptdurchführungszeit an der Arbeitsstation "i" ist die Kapitalbindung eines durchschnittlichen Auftrags bezüglich aller drei kostenauflaufverursachenden Durchlaufzeitbestandteile zu differenzieren (vgl. Bild 3.8). Am aufwendigsten ist hierbei die Ermittlung der Kapitalbindung für den Kostenauflauf, der durch Hauptdurchführungszeiten verursacht ist, weil während der Hauptdurchführungszeit an der Arbeitsstation "i" ein weiterer, linearer Zuwachs dieses Kostenauflaufs stattfindet.

Bei der Bewertung des von Nebendurchführungszeiten verursachten Kostenauflaufs wird vorausgesetzt, daß alle an der Arbeitsstation "i" durchgeführten Nebendurchführungszeiten zu Beginn der Hauptdurchführungszeit abgeschlossen sind, d.h. während oder nach der Hauptdurchführungszeit entstehen keine weiteren Nebendurchführungszeiten.

Am einfachsten ist die Berechnung der Kapitalbindung für den Kostenauflauf, der von den Transformationszeiten vorangegangener Arbeitsstationen verursacht wird, da an der Arbeitsstation "i" während der Hauptdurchführungszeit per Definition keine Einwirkung stattfinden kann, die der Klasse der Transformationszeiten zuzurechnen ist.

$$K_{HD;HD_{i;P;Z}} = \frac{t_{HD_{i;P;Z}}}{2} \cdot \begin{cases} k_{HD_{P;Z}}^{(i)} + \displaystyle\sum_{v \in V_{i;P;Z}} w_v \cdot k_{HD_{P;Z}}^{(v)}, & \text{falls } V_{i;P;Z} \neq \emptyset \\[2em] k_{HD_{P;Z}}^{(i)}, & \text{falls } V_{i;P;Z} = \emptyset \end{cases}$$

$$[\text{DM} \cdot \text{Tage}] \qquad (9.1),$$

$$K_{HD;ND_{i;P;Z}} = t_{HD_{i;Z}} \cdot k_{ND_{P;Z}}^{(i)} \quad [\text{DM} \cdot \text{Tage}] \qquad (9.2),$$

$$K_{HD;T_{i;P;Z}} = t_{HD_{i;Z}} \cdot \begin{cases} \displaystyle\sum_{v \in V_{i;P;Z}} w_v \cdot k_{T_{P;Z}}^{(v)}, & \text{falls } V_{i;P;Z} \neq \emptyset \\[2em] 0, & \text{falls } V_{i;P;Z} = \emptyset \end{cases} \quad [\text{DM} \cdot \text{Tage}]$$

$$(9.3).$$

Insgesamt entsteht damit an der Arbeitsstation "i" während der Hauptdurchführungszeit des Prozeßpfads "P" am Auftrag eine Kapitalbindung von

$$K_{HD_{i;P;Z}} = K_{HD;HD_{i;P;Z}} + K_{HD;ND_{i;P;Z}} + K_{HD;T_{i;P;Z}} \quad [\text{DM} \cdot \text{Tage}] \qquad (9.4)$$

und für den gesamten Durchlauf des durchschnittlichen Auftrags aus der Auftragsgruppe "Z" von

$$K_{HD_Z} = \sum_{\forall P} \sum_{i \in P} \left(\prod_{n \in N_{i;P;Z}} w_n \right) \cdot w_{i;P;Z} \cdot K_{HD_{i;P;Z}} \quad [\text{DM} \cdot \text{Tage}] \qquad (9.5),$$

wobei

$$N_{i;P;Z} = \{x \mid x \text{ ist Nachfolger von } i \text{ im Prozeßpfad } P \text{ der Auftragsgruppe } Z\}$$

die Menge der Arbeitsstationen ist, die "i" im Prozeßpfad "P" folgt. Die Wahrscheinlichkeiten "w_n" definieren aus retrograder Sicht die Wahrscheinlichkeit, daß die

Station "n" im Pfad "P" durchlaufen wird. Das gleiche gilt für "$w_{i;P;Z}$", der Wahrscheinlichkeit mit der die Arbeitsstation "i" im Auftragsbearbeitungsprozeß der Auftragsgruppe "Z" eingebunden ist. .

Die Kapitalbindung für den ausschließlich durch Hauptdurchführungszeiten verursachten Kostenauflauf, der nicht in das Durchlaufzeit-Potential eingeht, beträgt

$$K_{HD;HD_Z} = \sum_{\forall P} \sum_{i \in P} \left(\prod_{n \in N_{i;P;Z}} w_n \right) \cdot w_{i;P;Z} \cdot K_{HD;HD_{i;P;Z}} \quad [DM \cdot Tage] \quad (9.6).$$

4.3.2.2 Kapitalbindung während der Nebendurchführungszeit

Auch zur Nebendurchführungszeit entstehen an einer Arbeitsstation Kapitalbindungsanteile, die ihre Ursache in allen drei, den Einwirkzeiten zurechenbaren Durchlaufzeit-Bestandteilen haben (vgl. Bild 3.8). Dabei muß - analog zur Hauptdurchführungszeit - bei der Ermittlung des Kapitalbindungsanteils für den durch Nebendurchführungszeiten verursachten Kostenauflauf beachtet werden, daß dieser Kostenauflauf im betrachteten Zeitraum linear anwächst.

Die Berechnung der Kapitalbindungsanteile für die auf Hauptdurchführungs- und Transformationszeiten basierenden Kostenaufläufe ist dagegen relativ einfach durchzuführen, da Anteile dieser Durchlaufzeit-Bestandteile an der Arbeitsstation "i" entweder gar nicht oder erst nach der bewerteten Nebendurchführungszeit auftreten können.

Aus diesen Überlegungen heraus resultieren die Formeln für die Kapitalbindungsanteile eines durchschnittlichen Auftrags der Auftragsgruppe "Z". Diese Formeln lauten:

$$K_{ND;HD_{i;P;Z}} = t_{ND_{i;Z}} \cdot \begin{cases} \sum_{v \in V_{i;P;Z}} w_v \cdot k_{HD_{P;Z}}(v), & \text{falls } V_{i;P;Z} \neq \emptyset \\ \\ 0, & \text{falls } V_{i;P;Z} = \emptyset \end{cases} \quad [DM \cdot Tage]$$

$$(10.1),$$

$$K_{ND;ND_{i;P;Z}} = \frac{t_{ND_{i;Z}}}{2} \cdot \begin{cases} k_{ND_{P;Z}}^{(i)} + \displaystyle\sum_{v \in V_{i;P;Z}} w_v \cdot k_{ND_{P;Z}}^{(v)}, & \text{falls } V_{i;P;Z} \neq \emptyset \\[2em] k_{ND_{P;Z}}^{(i)}, & \text{falls } V_{i;P;Z} = \emptyset \end{cases}$$

$$[DM \bullet Tage] \qquad (10.2),$$

$$K_{ND;T_{i;P;Z}} = t_{ND_{i;Z}} \cdot \begin{cases} \displaystyle\sum_{v \in V_{i;P;Z}} w_v \cdot k_{T_{P;Z}}^{(v)}, & \text{falls } V_{i;P;Z} \neq \emptyset \\[2em] 0, & \text{falls } V_{i;P;Z} = \emptyset \end{cases} \qquad [DM \bullet Tage]$$

$$(10.3).$$

Insgesamt entsteht an der Arbeitsstation "i" während der Nebendurchführungszeit im Prozeß "P" eine Kapitalbindung von

$$K_{ND_{i;P;Z}} = K_{ND;HD_{i;P;Z}} + K_{ND;ND_{i;P;Z}} + K_{ND;T_{i;P;Z}} \quad [DM \bullet Tage] \qquad (10.4)$$

und im Durchlauf des gesamten Auftragsbearbeitungsprozeß von

$$K_{ND_Z} = \sum_{\forall P} \sum_{i \in P} \left(\prod_{n \in N_{i;P;Z}} w_n \right) \bullet w_{i;P;Z} \bullet K_{ND_{i;P;Z}} \quad [DM \bullet Tage] \qquad (10.5),$$

4.3.2.3 Kapitalbindung während der Transformationszeit

Ein Vergleich der Bilder 3.8 und 3.9 zeigt, daß die Berechnung der Kapitalbindung eines durchschnittlichen Auftrags an einer Arbeitsstation "i" zur Transformationszeit analog zur Berechnung der Nebendurchführungszeit erfolgt. Daher sind lediglich die Formeln (10.2) und (10.3) wechselseitig auszutauschen und einige Parameter zu ändern:

$$K_{T;HD_{i;P;Z}} = {}^{t}T_{i;Z} \cdot \begin{cases} \displaystyle\sum_{v \in V_{i;P;Z}} w_v \cdot k_{HD_{P;Z}}(v), & \text{falls } V_{i;P;Z} \neq \emptyset \\[2ex] 0, & \text{falls } V_{i;P;Z} = \emptyset \end{cases} \quad [\text{DM}\bullet\text{Tage}]$$

$$(11.1),$$

$$K_{T;ND_{i;P;Z}} = {}^{t}T_{i;Z} \cdot \begin{cases} \displaystyle\sum_{v \in V_{i;P;Z}} w_v \cdot k_{ND_{P;Z}}(v), & \text{falls } V_{i;P;Z} \neq \emptyset \\[2ex] 0, & \text{falls } V_{i;P;Z} = \emptyset \end{cases} \quad [\text{DM}\bullet\text{Tage}]$$

$$(11.2),$$

$$K_{T;T_{i;P;Z}} = \frac{{}^{t}T_{i;Z}}{2} \cdot \begin{cases} k_{T_Z}(i) + \displaystyle\sum_{v \in V_{i;Z}} w_v \cdot k_{T_{P;Z}}(v), & \text{falls } V_{i;P;Z} \neq \emptyset \\[2ex] k_{T_{P;Z}}(i), & \text{falls } V_{i;P;Z} = \emptyset \end{cases} \quad [\text{DM}\bullet\text{Tage}]$$

$$(11.3).$$

Insgesamt entsteht damit für einen durchschnittlichen Auftrag der Auftragsgruppe "Z" an der Arbeitsstation "i" während der Transformationszeit des Prozeß "P" eine Kapitalbindung von

$$K_{T_{i;P;Z}} = K_{T;HD_{i;P;Z}} + K_{T;ND_{i;P;Z}} + K_{T;T_{i;P;Z}} \quad [\text{DM}\bullet\text{Tage}] \qquad (11.4)$$

und für den Gesamtdurchlauf des Auftrags von

$$K_{T_Z} \;=\; \sum_{\forall P}\; \sum_{i \in P}\; \left(\prod_{n \in N_{i;P;Z}} w_n \right) \cdot w_{i;P;Z} \cdot K_{T_{i;P;Z}} \quad [DM \bullet Tage] \qquad (11.5).$$

4.3.2.4 Kapitalbindung während der Liegezeit

Relativ einfach sind die Kapitalbindungsanteile für Liegezeiten zu berechnen, da in der Liegezeit keinerlei Einwirkung auf den Auftrag stattfindet. Nach Bild 3.10 ergeben sich deshalb die Kapitalbindungsanteile für die Liegezeit eines durchschnittlichen Auftrags der Auftragsgruppe "Z" zwischen den Arbeitsstationen "v" und "i" im Prozeßpfad "P":

$$K_{L;HD_{v;i;P;Z}} \;=\; t_{L_{v;i;Z}} \cdot \begin{cases} k_{HD_{P;Z}}^{(v)}, & \text{für } v \in V_{i;P;Z} \\[4pt] 0, & \text{für } v \notin V_{i;P;Z} \end{cases} \quad [DM \bullet Tage] \qquad (12.1),$$

$$K_{L;ND_{v;i;P;Z}} \;=\; t_{L_{v;i;Z}} \cdot \begin{cases} k_{ND_{P;Z}}^{(v)}, & \text{für } v \in V_{i;P;Z} \\[4pt] 0, & \text{für } v \notin V_{i;P;Z} \end{cases} \quad [DM \bullet Tage] \qquad (12.2),$$

$$K_{L;T_{v;i;P;Z}} \;=\; t_{L_{v;i;Z}} \cdot \begin{cases} k_{T_{P;Z}}^{(v)}, & \text{für } v \in V_{i;P;Z} \\[4pt] 0, & \text{für } v \notin V_{i;P;Z} \end{cases} \quad [DM \bullet Tage] \qquad (12.3).$$

In der Summe ergibt das eine Kapitalbindung zwischen den Stationen "v" und "i" von

$$K_{L_{v;i;P;Z}} \;=\; K_{L;HD_{v;i;P;Z}} + K_{L;ND_{v;i;P;Z}} + K_{L;T_{v;i;P;Z}} \quad [DM \bullet Tage] \qquad (12.4),$$

sowie für die Liegezeiten im gesamten Durchlauf eines Auftrags aus der Auftragsgruppe "Z"

$$K_{L_Z} \;=\; \sum_{\forall P}\; \sum_{(v;i) \in P}\; \left(\prod_{n \in N_{v;P;Z}} w_n \right) \cdot w_{v;P;Z} \cdot K_{L_{v;i;P;Z}} \quad [DM \bullet Tage] \qquad (12.5).$$

4.3.3 Ermittlung der Kapitalbindungskosten

Die Ermittlung der Kapitalbindungskosten erfolgt durch Bewertung der Kapitalbindungsanteile mit dem um einen Zeitkorrekturfaktor multiplizierten kalkulatorischen Kapitalbindungszins. Mit Hilfe des Zeitkorrekturfaktors wird der auf 360 Kalendertage basierende kalkulatorischen Zinssatz auf die Anzahl der jährlichen betrieblichen Arbeitstage umgerechnet.

Sei also q_{JK} der auf dem Jahreskalender basierende kalkulatorische Zinssatz der Buchhaltung,

q_{BK} der mit Hilfe des Korrekturfaktors auf den Betriebskalender umgerechnete kalkulatorische Zinssatz, sowie

n_{AT} die Anzahl der Arbeitstage im Betriebskalender.

So ist

$$q_{BK} = \frac{360}{n_{AT}} \bullet q_{JK} \; [\%] \tag{13.1}.$$

Die Kapitalbindungskosten eines Kapitalbindungsanteils X,Y für einen durchschnittlichen Auftrag aus der Auftragsgruppe "Z" im Prozeßpfad "P" ergeben sich dann wie folgt:

$$k_{X;Y_i;P;Z} = \frac{K_{X;Y_i;P;Z}}{n_{AT}} \bullet q_{BK} \; [DM] \tag{13.2}.$$

Die Zusammenfassung der Kapitalbindungskosten für die einzelnen Kapitalbindungsanteile erfolgt dann analog zur Berechnung der Kapitalbindung (vgl. Formeln 9.5, 10.5, 11.5, 12.5).

4.3.4 Berechnung des monetären Durchlaufzeit-Potentials

Die Berechnung des monetären Durchlaufzeit-Potentials erfolgt in Form einer zeitraumbezogenen Abschätzung. Dabei bietet sich oft das Kalenderjahr als möglicher Abschätzungszeitraum an, der allerdings je nach Anforderung beliebig variiert werden kann. Wichtig ist nur, daß beim Potentialvergleich zweier Organisationsstrukturen die Abschätzungszeiträume eine identische Dauer aufweisen sollten.

Die Berechnungen des Kostenauflaufs (Abschnitt 4.3.1) und der Kapitalbindungskosten (Abschnitt 4.3.2 bzw. 4.3.3) gingen von einer Bewertung eines durchschnittlichen Auftrags einer repräsentativen Auftragsgruppe aus. Um Aussagen über die gesamte Organisationsstruktur zu erhalten, müssen deshalb die Bewertungen der einzelnen Aufträge auf den zeitraumbezogenen Auftragseingang hochgerechnet und über alle Auftragsgruppen verdichtet werden.

Sei κ_Z das monetäre Durchlaufzeit-Potential der repräsentativen Auftragsgruppe "Z",

$\kappa_{b;Z}$ das Potential der b.-ten Bezugsgrößenhierarchie, und

N_Z die Anzahl der Aufträge der Auftragsgruppe "Z", die durchschnittlich im Betrachtungszeitraum eingehen, und

L_Z die letzte Arbeitsstation im Auftragsdurchlauf von "Z".

Das Durchlaufzeit-Potential der ersten Bezugsgrößenhierarchie (Kostenauflauf) für die Auftragsgruppe "Z" im Abschätzungszeitraum berechnet sich - nach Abschnitt 4.3.1, Formel (8.2) und (8.3) - zu

$$\kappa_{1;Z} = N_Z \bullet (k_{ND_Z}(L_Z) + k_{T_Z}(L_Z)) \ [DM] \qquad (14.1).$$

Gleichzeitig ergibt sich das Durchlaufzeit-Potential der zweiten Bezugsgrößenhierarchie (Kapitalbindung) - unter Anwendung der Formeln (9.5), (9.6), (10.5), (11.5) sowie (12.5) aus dem Abschnitt 4.3.2 - wie folgt:

$$\kappa_{2;Z} = N_Z \bullet q_{BK} \bullet \frac{K_{HD_Z} - K_{HD;HD_Z} + K_{ND_Z} + K_{T_Z} + K_{L_Z}}{n_{AT}} \quad [DM] \quad (14.2).$$

Somit beträgt das gesamte Durchlaufzeit-Potential der Auftragsgruppe "Z"

$$\kappa_Z = \kappa_{1;Z} + \kappa_{2;Z} \quad [DM] \quad (14.3)$$

und das Durchlaufzeit-Potential aller im Untersuchungsbereich und Abschätzungszeitraum zu bearbeitenden Auftragsgruppen:

$$\kappa = \sum_{\forall Z} \kappa_Z \quad [DM] \quad (14.4).$$

Hiermit steht das Durchlaufzeit-Potential der untersuchten Organisationsstruktur fest.

5 Anwendungserfahrungen

5.1 Einsatz des Verfahrens in einem Anwendungsfall

Das vorgestellte Verfahren zur Bewertung der Durchlaufzeiten in den indirekten
Bereichen von Maschinenbau-Unternehmen wurde in zwei betrieblichen Praxisfällen
eingesetzt /94, 95/. In beiden Fällen wurde es als Unterstützung zur Planung neuer
Organisationsstrukturen verwendet, um die Wirtschaftlichkeit der geplanten
Abläufe nachweisen zu können.

Ein durchgängiges Fallbeispiel soll die Integration des Verfahrens im gesamten
Planungsprozeß verdeutlichen. Die folgenden Abschnitte erläutern deshalb

- die Situation des Unternehmens vor der Umgestaltung der Organisationsstruktur,

- die Analyse und Bewertung der Durchlaufzeit-Potentiale vor der Umstrukturierung,

- die geplanten und später auch realisierten Strukturierungsmaßnahmen,

- die Bewertung der geplanten Strukturierungsmaßnahmen, und

- den Vergleich des tatsächlich realisierten Nutzens mit der Bewertung nach
  dem vorgestellten Verfahren.

5.1.1 Ausgangssituation des Unternehmens

Das Unternehmen aus dem Fallbeispiel ist ein mittelständischer Maschinen- und
Anlagenbauer mit Einzel- und Kleinserienfertigung. Es stellt Maschinen für die
Chemie-, Pharma- und Nahrungsmittelindustrie her, die in der Regel in komplexere
Produktionsanlagen integriert werden. Das Produktprogramm besteht aus den
beiden Baureihen "E" und "H", die sich vor allem durch ihre Größe und unterschied-
lichen Grad an kundenspezifischen Anpassungen unterscheiden.

Das Unternehmen ist auf seinem Gebiet der weltweit zweitgrößte Produzent und Marktführer in Europa. Der Umsatz von 110 Mio. DM (1992) wird mit insgesamt 510 Mitarbeitern erzielt. Im Jahr werden ca. 2.000 Anlagen verkauft.

Das Unternehmen ist nach außen durch eine ausgeprägte Kundenorientierung gekennzeichnet. Die weitgehend kundenspezifische Anlagenauslegung hat zur Folge, daß von der Baureihe "H" rund 85 %, von der Baureihe "E" rund 62 % aller Aufträge konstruktiv bearbeitet werden. Dabei müssen jährlich etwa 7.000 Arbeitspläne angepaßt und 2.000 neu erstellt werden.

Der Auftragsdurchlauf durch die indirekten Bereiche (Bild 5.1) war vor der Umstrukturierung durch eine ausgeprägte Arbeitsteilung mit einer Vielzahl von Schnittstellen gekennzeichnet. Dies bedingte hohe Reibungsverluste und verlängerte den Auftragsdurchlauf durch die indirekten Bereiche bei konstruktiver Bearbeitung auf durchschnittlich 68,1 Tage. Verlustzeiten entstanden vor allem durch Liegezeiten, die allein 81 % der Durchlaufzeit ausmachten.

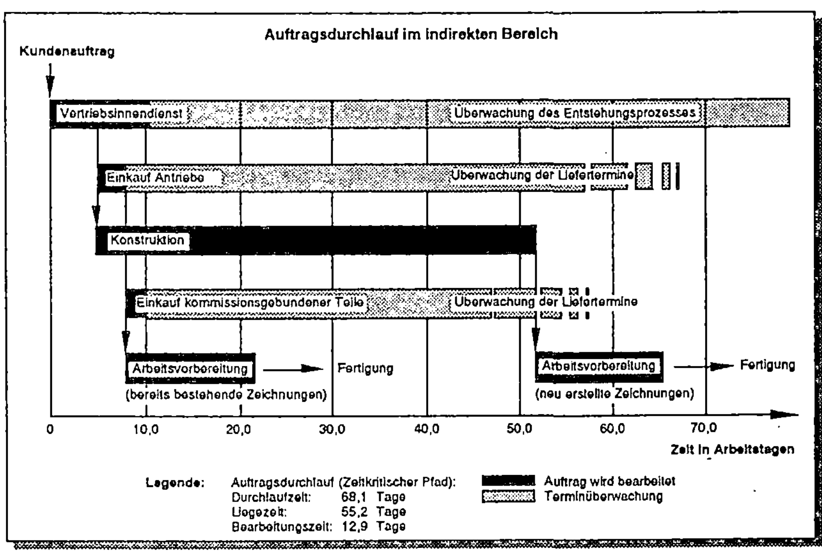

Bild 5.1:   Auftragsdurchlauf durch den indirekten Bereich

Dabei wurde der zeitkritische Pfad im Auftragsbearbeitungsprozeß durch die Sequenz Vertriebsinnendienst (Auftragserfassung und -klärung), Einkauf (Antriebsauslegung), Konstruktion (Spezifikationsprüfung, Stücklistenerstellung, Anpassungskonstruktion) und Arbeitsvorbereitung (Material-Disposition, Arbeitsplanerstellung, Steuerung) bestimmt. Durch diese starke Arbeitsteilung ging im Laufe der Zeit der notwendige Kunden- und Auftragsbezug der Fachbereiche verloren. Als Folge dieser Entwicklung entstanden Doppelarbeiten und überlange Durchlaufzeiten. Zeitweilig wurde im Untersuchungszeitraum sogar kein Auftrag termingerecht ausgeliefert.

Eine Terminsteuerung mit Methoden der Zeitwirtschaft existierte im indirekten Bereich nur in rudimentären Ansätzen. In einer Datei des PPS-Systems wurde vom Vertrieb nach einer Tabelle der Liefertermin und weitere Termine im Auftragsdurchlauf festgelegt. Diese Ecktermine korrigierten die Fachabteilungen nachträglich entsprechend ihrer eigenen Belastungseinschätzung. Durch die fehlende Fortschrittskontrolle traten Lieferverzögerungen häufig erst in der Montage zutage, in Extremfällen war der zugesagte Liefertermin bereits bei Montagebeginn überschritten.

Eine Zeitwirtschaft, Basis für eine realistische Terminsteuerung, war im indirekten Bereich nirgendwo zu finden. Wie zuverlässig die geplanten Liefertermine waren, konnte niemand im voraus sagen. So war es nicht überraschend, daß trotz verlängerter Planzeiten im Engpaßbereich (Konstruktion) keine Verbesserung der Termintreue erzielt wurde.

Wichtigste Kennzahl für die Bewertung der Abteilungen war der wertmäßige Durchsatz pro Zeiteinheit. Die Beurteilung der Fachabteilungen nach dieser Kennziffer erlaubte keine Aussage über Durchlaufzeiten und Termintreue, der Bereich mit dem schlechtesten Durchlaufzeitverhalten konnte besser bewertet sein als der Bereich mit dem besten Durchlaufzeitverhalten.

5.1.2 Analyse und Bewertung des Auftragsdurchlaufs

Für Analyse und Bewertung des Auftragsdurchlaufs wurde das in dieser Arbeit vorgestellte Verfahren eingesetzt. Zu diesem Zweck wurden zwei repräsentative Auftragsgruppen gebildet:

- Baureihe "E" (1574 Aufträge im Jahr),
- Baureihe "H" (426 Aufträge im Jahr).

Als Untersuchungsbereich wurden beide Auftragsgruppen und der gesamte indirekte Bereich gewählt. Der Auftragsbearbeitungsprozeß im Untersuchungsbereich wies sowohl für Baugruppe "E" als auch Baugruppe "H" jeweils zwei parallele und einen bedingt verzweigten Prozeß auf, wodurch sechs Kostenauflauf-Pfade gebildet wurden. Im Bild 5.2 ist für Baugruppe "E" der vollständige Auftragsdurchlauf- und Kostenauflaufpfad aufgezeigt. Der Untersuchungszeitraum für die Erhebung von Bearbeitungs- und Liegezeiten wurde auf vier Wochen festgesetzt und als Erfassungsmethode der Selbstaufschrieb gewählt. Die Ermittlung der Haupt- und Nebendurchführungszeiten erfolgte in Expertengesprächen.

Die Auswertung der Selbstaufschriebe - insgesamt 2.394 Datensätze, wobei 381 Aufträge der Baureihe "E" und 103 der Baureihe "H" erfaßt wurden - und die Verfolgung der Aufträge durch die verschiedenen Fachabteilungen führte zu vier wesentlichen Schlußfolgerungen:

- Je nach Auftragsgruppe und zu erledigenden Aufgaben betrug der Anteil der Hauptdurchführungszeiten zwischen 18 und 26 % der Durchlaufzeit .

- Führungskräfte im Auftragsdurchlauf führten zu vermeidbaren Durchlaufzeit-Verzögerungen.

- Der Beginn der Auftragsbearbeitung lag immer erst kurz vor den Eckterminen der jeweiligen Fachabteilung.

- Das Durchlaufzeit-Potential im Auftragsdurchlauf betrug 2,95 Mio. DM pro Jahr.

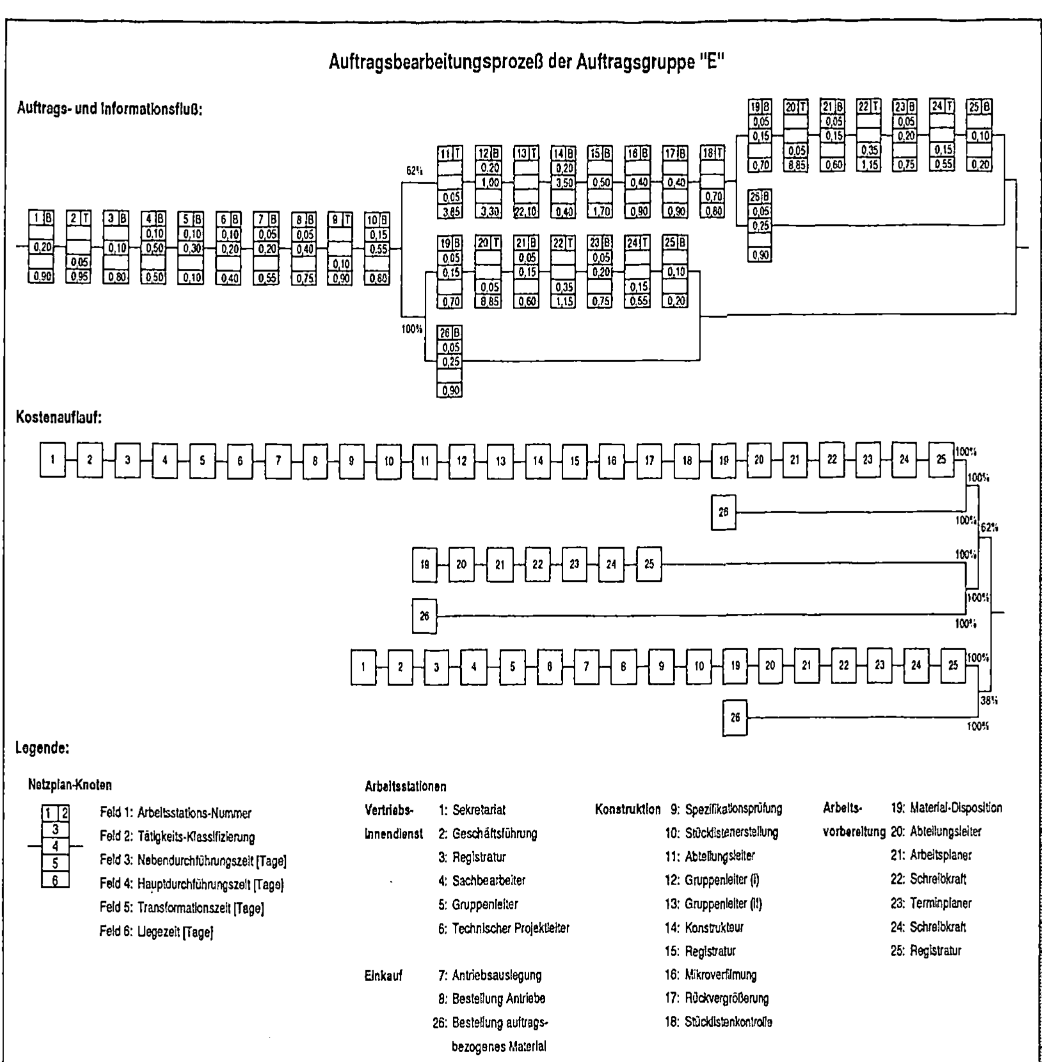

Bild 5.2:   Darstellung des Auftragsbearbeitungsprozeß der Auftragsgruppe "E" im
Netzplan

Im einzelnen zeigen die Untersuchungsergebnisse, daß bis zur Auftragsklärung im Vertrieb ca. 10 Arbeitstage benötigt wurden. Etwa die gleiche Zeit verbrachte der Auftrag in der Arbeitsvorbereitung. Die längsten Durchlaufzeiten entstanden in der Konstruktion. Bei einer Hauptdurchführungszeit von durchschnittlich sieben Tagen betrug die Durchlaufzeit bis zu zehn Wochen. Der eigentliche Konstruktions- bzw. Änderungsprozeß nahm nicht einmal eine Woche in Anspruch.

Außerdem bestanden die Arbeitsinhalte der Arbeitsstationen "Spezifikationsprüfung" (Kennziffer "9" in Bild 5.2) und "Stücklisten-Kontrolle" (Kennziffer "18") ausschließlich aus Doppelarbeiten. So wurde bei der "Spezifikationsprüfung" das verfahrenstechnische Auslegungsblatt des Vertriebs in das Konstruktions-Formblatt "Auftragsspezifikation" übertragen. Die "Stücklisten-Kontrolle" erfolgte, weil organisatorisch nicht geklärt war, ob der Konstrukteur auch die Stückliste für die neu erstellten Zeichnungen anzulegen hatte oder nicht. Dies wurde zwar von den Konstrukteuren in der Regel gemacht, doch konnte es auch vorkommen, daß die Stücklistenerstellung vom Konstrukteur hin und wieder vergessen wurde.

Besonders auffällig sind zudem die Liegezeiten beim Leiter der Konstruktion (1 Woche, Kennziffer "11"), der die Aufträge in dieser Bearbeitungsphase lediglich auf die Konstruktionsgruppen verteilte sowie die Liegezeiten beim zuständigen Gruppenleiter (Kennziffern "12" und "13"). Der Gruppenleiter war für die Einplanung der Aufträge in seiner Gruppe verantwortlich. Er plante die Aufträge entsprechend dem vom Vertrieb festgelegten Ecktermin ein. Durch die lange Fristigkeit dieses Ecktermins lagen die Aufträge mehrere Wochen auf seinem Schreibtisch. Traten in der konstruktiven Bearbeitung Probleme auf, mußten gar Zukaufteile geändert werden, waren Lieferverzüge nicht mehr aufzuhalten. Für den Einkauf bedeutete dies, Bestellungen nach acht und mehr Wochen zu revidieren - der Lieferant verschob die Liefertermine entsprechend -, schon gelieferte Teile wurden unbrauchbar, es mußten neue geordert werden.

Zur Verbesserung der Termintreue der Konstruktion verlängerte die Auftrags-Steuerung (in der Vergangenheit) die vorgegeben Plan-Durchlaufzeiten der Konstruktion. In der Folge war allerdings keine Verbesserung der Terminsituation zu erkennen, sondern lediglich eine Verlängerung der Gesamtdurchlaufzeiten. Für eine positive Veränderung wäre genau die gegenteilige Maßnahme richtig gewesen, die Verkürzung der Plan-Durchlaufzeiten. Um eine solche Entscheidung treffen zu können, fehlten bis zur Analyse die notwendigen Daten.

Die wesentlichen Entwicklungspotentiale lagen somit vorrangig in der Konstruktion. Die im Fallbeispiel auftretenden Schwächen im Auftragsdurchlauf sind ein typisches Indiz für eine nicht ausreichende Planung und Steuerung.

5.1.3 Umgestaltung der Organisation

Um die Marktposition zu halten und auszubauen wurde die Entscheidung getroffen, die Organisation der indirekten Bereiche neu zu planen. Dabei erwies es sich als sinnvoll, den Durchlauf der Kundenaufträge in die drei Vertriebsgebiete Inland, Export Europa und Export Übersee zu segmentieren, wobei jeweils ein Teil der Mitarbeiter von Vertrieb (Angebotswesen, Vertriebsinnendienst), Konstruktion (Angebots-, Auftragskonstruktion) sowie Montage ein gemeinsames Segment bilden sollten.

Die Segmentierung stellt einen hohen Auftragsbezug in der Auftragsbearbeitung her. Vor allem die Besonderheiten der Großkunden können so besser berücksichtigen werden. In diesem Zusammenhang bot es sich auch an, die Funktionen der Arbeitsvorbereitung in die Montage zu integrieren.

Der Einkauf steht als zentrale Servicefunktion allen Segmenten zur Verfügung. Die Planung sieht vor, daß verstärkt Rahmenabkommen mit Zulieferern abzuschließen sind, aus denen für verbrauchsbezogene Materialien ein direkter Abruf durch die Disponenten der Segmente erfolgen kann. Auf keinen Fall werden Funktionen, wie Verhandlungen mit Zulieferern oder die Beschaffung von Sondermaterialien, die dezidierte Marktkenntnisse voraussetzen, dezentralisiert. Ebenso ist die Bestellmengenüberwachung Aufgabe des Zentraleinkaufs.

Andere auftragsneutrale Funktionen - wie Buchhaltung oder Forschung und Entwicklung - bleiben ebenfalls als zentrale Servicefunktionen im Unternehmen erhalten.

5.1.3.1 Organisation Innerhalb der Segmente

In den Segmenten erfolgt die Auftragsbearbeitung in Form eines sequentiellen Prozesses. Hierdurch entsteht durch eindeutige Kompetenzen und höhere Transparenz in und zwischen den Fachabteilungen ein besserer Kunden- und Auftragsbezug. Der Abbau von Schnittstellen setzt integrative Strukturen in der Auftragsabwicklung voraus. Daher sind Arbeitsgruppen in Form von Vertriebs-, Konstruktions- und Montageinseln gebildet worden, die ablauforganisatorisch fest in einem Segment verankert sind. Auf diese Weise stehen für jedes Vertriebsgebiet immer die gleichen Ansprechpartner zur Verfügung.

Die funktionale Trennung von Vertriebs-, Konstruktions- und Montageinseln basiert im wesentlichen auf räumlichen Restriktionen. Die Konstruktion ist gemeinsam mit der Fertigung in einer neuen Produktionsstätte untergebracht. Dagegen sind Montage und Vertrieb in einem älteren Werk verblieben. Somit überschreiten die Aufträge an den Schnittstellen zwischen Vertrieb und Konstruktion bzw. Fertigung und Montage Werksgrenzen. Ein Zusammenlegen der Bereiche in einem Gebäude war aus Platzmangel nicht möglich.

5.1.3.1.1 Vertriebsinseln

In den Vertriebsinseln "Inland", "Export Europa" und "Export Übersee" sind der kaufmännische und technische Vertrieb mit der Angebotskonstruktion organisatorisch und räumlich zusammengefaßt. Die Größe einer Vertriebsinsel liegt zwischen sechs und elf Mitarbeitern. Die Bearbeitung eines Auftrages erfolgt komplett in einer Insel, die zudem für die korrekte und termingerechte Bearbeitung der Aufträge im Gesamtunternehmen verantwortlich ist.

5.1.3.1.2 Konstruktionsinseln

Die Konstruktionsinseln sind für Produktauslegung, Stücklisten- und Zeichnungserstellung zuständig. Sofern nicht nur verbrauchsgesteuerte Materialien für ein Produkt verwendet werden, übernimmt die Konstruktionsinsel zusätzlich die Materialdisposition. Sieben bis zwölf Mitarbeiter arbeiten in den Inseln zusammen, die jeweils von einem Gruppenleiter geführt werden.

Spezifikationsprüfung und Stücklisten-Kontrolle wurden abgeschafft. Der Abteilungsleiter wird nur noch in wenigen Sonderfällen (z.B. umfangreiche Änderungen) in den täglichen Auftragsdurchlauf eingebunden. Der Gruppenleiter übernimmt die Steuerungsaufgaben innerhalb der Insel.

5.1.3.1.3 Montageinseln

Jede der drei Montageinseln ist verantwortlich für die Montage eines vollständigen Kundenauftrages. Da ein Kundenauftrag oft mehrere unterschiedliche Anlagentypen beinhaltet, die zudem hinsichtlich Bauart und Größe variieren können, muß jede Montageinsel das gesamte Produktspektrum montieren können. Dazu sind inselintern sowohl Arbeitsbereiche für kleine und große Anlagen als auch Lagerbereiche für kundenbezogen kommissionierte Baugruppen vorhanden.

Die Funktionen der Montageinseln sind Lagerung von Kaufteilen und Halbzeugen, Baugruppenmontage, Endmontage klein und groß, Verpacken der einzelnen Baugruppen sowie Versand.

5.1.3.2   Einführung einer Steuerung

Die Durchlaufzeitanalyse zeigte deutlich, daß das Fehlen einer Terminsteuerung und -überwachung eine der wesentlichen Ursachen für die vielen Lieferterminverzüge war. Langfristig bot die Einführung einer dezentralen Terminsteuerung in den Segmenten die größten Vorteile.

Aufgabe der Steuerung ist die Abstimmung der Termine mit den verschiedenen Arbeitsgruppen (Inseln). Sie plant und steuert den Auftragsdurchlauf wochengenau. In diesem Raster erhält sie auch von den Inseln Rückmeldungen über den Auftragsfortschritt. Sie kann somit schnell und flexibel auf Störungen reagieren. Die Feinsteuerung auf Tages- bzw. Stundenbasis führen die Inseln eigenverantwortlich im Rahmen der ihnen vorgegebenen Ecktermine und Meilensteine durch.

Zur Planung und Steuerung eines vollständigen Segments ist jeweils ein Mitarbeiter einer Vertriebsinsel zuständig. Segmentüberschreitende Einplanungen (z.B. bei Kapazitätsengpässen) werden von den drei Steuerungs-Mitarbeitern gemeinsam gelöst.

Vergleich von Ausgangssituation und geplanter Organisationsstruktur				
Auftrags-gruppe	Ausgangssituation		Planung	
	Durchlauf-zeit	Anteil Bear-beitungs-zeit	Durchlauf-zeit	Anteil Bear-beitungs-zeit
E	49,1 Tage	18 %	30,7 Tage	26 %
H	72,9 Tage	24 %	43,7 Tage	35 %
⌀	54,2 Tage	19 %	33,4 Tage	28 %

Bild 5.3: Vergleich von Durchlaufzeit sowie Bearbeitungsanteilen in Planung und Ausgangssituation

5.1.4 Bewertung der geplanten Organisationsveränderung

Die Ermittlung und Bewertung der Durchlaufzeit der geplanten Organisationsverän-derungen zeigte, daß bei der Durchführung der Maßnahmen mit einer Reduzierung der Durchlaufzeit im indirekten Bereich um 38 % zu rechnen ist. Gleichzeitig würde der Bearbeitungsanteil von 19 auf 28 % steigen (Bild 5.3)

In der neuen Organisationsstruktur verbleibt ein nicht erschlossenes Durchlaufzeit-Potential von 2,29 Mio. DM, wobei aber 22 % des Potentials der Ausgangssituation abgebaut werden. Das im Auftragsbearbeitungsprozeß gebundene Kapital wird um 43 % reduziert. Demnach konnte mit jährlichen Einsparungen von etwa DM 660.000 gerechnet werden.

5.1.5 Quantifizierung des Nutzens der Umstrukturierung nach erfolgter Umstellung

Ein dreiviertel Jahr nach der Umgestaltung wurde der Nutzen der Umstellung quantifiziert. Die durchschnittliche Durchlaufzeit im indirekten Bereich konnte um 40 % gesenkt werden. Der Bearbeitungsanteil im indirekten Bereich stieg dabei auf 44 % /16/. Zudem wurde der Auftragsrückstand, der während der Durchlaufzeit-Analyse ca. 20 % des Jahres-Umsatzes betrug, in einem halben Jahr fast vollständig abgebaut.

Noch drastischer wie die Durchlaufzeit-Reduzierung fiel die Senkung der Kapitalbindungskosten aus. Die gesamte Kapitalbindung im indirekten Bereich beträgt heute nur noch 40 % der Kapitalbindung vor der Umstellung. Durch eine leichte Senkung der Personalkosten und Reduzierung der Kapitalbindung wurden durch die
Umstellung jährliche Einsparungen in Höhe von 800.000 DM erreicht /100/.

5.2 Beurteilung des Verfahrens

Das vorgestellte Verfahren zur Bewertung von Durchlaufzeiten in den indirekten
Bereichen von Maschinenbau-Unternehmen unterstützt die Analyse, Konzeption
und Bewertung im Struktur-Planungsprozeß. Die wesentlichen Merkmale (vgl. Abschnitt 2.3.4) der in Abschnitt 2.2 definierten Anforderungen an ein Bewertungsverfahren für die Durchlaufzeit im indirekten Bereich werden vollständig erfüllt. Dabei
bilden die in der Arbeit vorgestellten Teilanalysen ein einheitliches Analyse- und
Bewertungskonzept, in dem die jeweils nachfolgenden Schritte auf den Ergebnissen
vorheriger Schritte aufbauen.

Die Analyse des Auftragsdurchlaufs mit Hilfe von Informationsfluß-Diagrammen ist
im praktischen Einsatz sehr effizient. In kürzester Zeit kann hiermit der vollständige
Auftrags- und Informationsfluß im Unternehmen ermittelt werden. In dem vorgestellten Fallbeispiel konnten die Informationsfluß-Diagramme aller betroffenen Fachbereiche in drei Wochen erarbeitet und dokumentiert werden. In dieser Zeit waren
durchschnittlich drei Mitarbeiter mit der Analyse beschäftigt. Als Hilfsmittel zur
Dokumentation der Abläufe wurde die Graphiksoftware "MacDraw" /101/ eingesetzt.

Die Durchlaufzeiterhebung ist der aufwendigste Teil des Verfahrens. Zusätzlich zum
verhältnismäßig langen Untersuchungszeitraum wird mindestens die gleiche Zeit für
die Auswertung des umfangreichen Datenmaterials benötigt. Da aber aus der Auswertung der Durchlaufzeit-Informationen die wesentlichen Stärken und Schwächen
im Auftragsdurchlauf ersichtlich werden, sollte auf dieser Teilanalyse in keiner
Strukturplanung verzichtet werden. Im Fallbeispiel hatte der Untersuchungszeitraum eine Länge von vier Wochen. Nach weiteren fünf Wochen lag das Auswer-
tungsergebnis vor. Während des gesamten Zeitraums bearbeiteten zwei Mitarbeiter
diese Teilanalyse. Die EDV-mäßige Auswertung der Durchlaufzeit-Analyse erfolgte
mit dem Datenbanksystem "dBase" /102/.

Die abschließende Potential-Bewertung wurde in einer Woche von einem Mitarbeiter fertiggestellt. Als Hilfsmittel wurde das Tabellenkalkulationssystem "Excel" /103/ verwendet.

Im Fallbeispiel wurde gezeigt, daß die in der Potential-Abschätzung der Planung erzielten Ergebnisse nur gering von den später tatsächlich realisierten Einsparungen abweichen. Sie bildeten in der Prognose eine Untergrenze der realisierbaren Einsparungen. Ein wesentlicher Nutzen des vorgestellten Verfahrens liegt damit in der Genauigkeit, mit der sich Kosteneinsparungen von neuen Organisationsstrukturen vorhersehen lassen.

Das Verfahren erfüllt daher alle in der Zielsetzung genannten Voraussetzungen. Mit einem wirtschaftlich angemessenen Aufwand (im Fallbeispiel war dies etwa ein Aufwand von einem halben Mann-Jahr) lassen sich Abschätzungen von Durchlaufzeit-Potentialen durchführen, die ein realistisches Bild der Wirklichkeit widerspiegeln. Die Abschätzungen folgen dabei den Prinzipien der kaufmännischen Vorsicht und weisen als Ergebnis eine abgesicherte Untergrenze des realisierbaren Einsparungs-Potentials aus. Dabei verwendet die Abschätzung ausschließlich Kosteninformationen, die in der betrieblichen Buchhaltung standardmäßig vorhanden und abfragbar sind.

6 Zusammenfassung

Der in den letzten Jahren einsetzende Strukturwandel im Maschinen- und Anlagenbau bewirkt eine Neuausrichtung der Ablauforganisation in den indirekten Unternehmensbereichen. Ausgehend von funktionalen Organisationsstrukturen gehen immer mehr Unternehmen dazu über, auftragsbezogene Organisationsformen zu installieren.

Im Rahmen der vorliegenden Arbeit wird ein Verfahren vorgestellt, das die Planung auftragsbezogener Organisationsstrukturen im indirekten Bereich unterstützt. Mit dem Verfahren lassen sich wesentliche Stärken und Schwächen im Auftragsdurchlauf aufdecken sowie Rationalisierungspotentiale monetär bewerten. Durch Vergleich des Ausgangszustands mit geplanten Strukturalternativen ist es möglich, den Nutzen alternativer Organisationsstrukturen aufzuzeigen und monetär auszuweisen.

Basis der Bewertung ist die differenzierte Betrachtung der Auftragsdurchlaufzeiten. Durch Zuordnung der einzelnen Tätigkeiten zu charakteristischen Durchlaufzeit-Bestandteilen können monetäre Durchlaufzeit-Potentiale an einzelnen Arbeitsstationen und im Gesamtprozeß nachgewiesen und quantifiziert werden. Die Realisierbarkeit der ermittelten Potentiale wird dabei nicht hinterfragt. Der resultierende Potential-Wert bildet somit ein fiktives, individuelles Maß für die Güte der Ablauforganisation.

Erst der Vergleich mit alternativen Organisationsstrukturen führt den fiktiven Potential-Wert in ein konkretes Einsparungspotential über. Wie betriebliche Einsatzfälle zeigen, stellt dieses Einsparungspotential auch eine realistische Abschätzung der nach Einführung der geplanten Organisationsveränderung erreichten Einsparungen dar.

In der realitätsnahen Abschätzung zu erwartender Einsparungen ist auch der größte Nutzen der vorgestellten Bewertungsmethode zu sehen. Die Methode ermöglicht, die Wirtschaftlichkeit und den Rückfluß des im Rahmen einer Investition "Strukturveränderung" eingesetzten Kapitals rechnerisch nachzuweisen.

7   Literaturverzeichnis

/1/   Bullinger, H.-J.; Rosenberger, N.; Ruckaberle, R.:
Paradigmenwechsel im Produktionsmanagement - Unternehmen müssen
jetzt die Weichen stellen.
In: Warnecke, H. J.; Bullinger, H.-J. (Hrsg.):
    Produktionsforum '91 Produktionsmanagement.
    Berlin u.a.: Springer, 1991, S. 13-56.

/2/   Warnecke, H. J.:
Innovative Produktionsstruktur.
In: Tagungsband Fertigungstechnisches Kolloquium FTK '91,
    Universität Stuttgart, 1./2. Oktober 1991, Stuttgart.
    Berlin u.a.: Springer 1991, S. 13-19.

/3/   Bullinger, H.-J.; Fuhrberg-Baumann, J.; Müller, R.:
Neue Wege der Kundenauftragsabwicklung.
In: zfo 60 (1991) Nr. 5, S. 306-313.

/4/   Hallwachs, U.:
EDV-gestützte Planungs- und Entscheidungshilfen zur Auslegung von
Produktionsstrukturen mit strukturkostenoptimierten Dezentralen
Verantwortungsbereichen.
Berlin u.a.: Springer, 1992.
Zugl. Dissertation Universität Stuttgart, 1992.

/5/   Ellinger, T.:
Durchlaufzeit.
In: Grochla, E. (Hrsg.):
    Handwörterbuch der Organisation.
    Stuttgart: Poeschel, 1971, Sp. 460-466.

/6/   Bechte, W.:
Methoden und Hilfsmittel der Durchlaufzeit- und Bestandsanalyse im
Klein- und Mittelbetrieb.
Berlin, Köln: Beuth, 1979.

/7/   Rühl, G.:
        Arbeitswissenschaftliche Optimierung der Büroarbeit.
        Sonderdruck aus dem Tagungsberichtsband der CEBIT-Fachtagung, 1971.

/8/   Auch, M.; Hallwachs, U.; Schaal, H.:
        Höhere Lieferbereitschaft durch kürzere Durchlaufzeiten:
        Gestaltung der Fabrik nach dem Fertigungsinsel-Prinzip.
        In: FhG-Berichte (1988) Nr. 2, S. 71-76.

/9/   Schaal, H.:
        Alternative Formen der Fertigungsorganisation: Gruppenarbeit,
        Fertigungssegmente, Fertigungsinseln.
        In: AWF-Fachtagung, 28./29. November 1990, Dresden.
             Eschborn: AWF, 1990, S. 34-68.

/10/   Schaal, H.:
        Alternative Formen der Arbeitsorganisation am Beispiel der
        Fertigungsinsel.
        In: Techno Congress Fachtagung: Gruppenarbeit '90,
             6./7. Dezember 1990, Sindelfingen.

/11/   Müller, R.; Hallwachs, U.; Schaal H.; Schlund, M.:
        Fertigungsinseln. Strukturierung der Produktion in dezentrale
        Verantwortungsbereiche.
        Ehningen: expert, 1992.

/12/   Nespeta, H.:
        Ein Beitrag zur Planung und Bewertung neuer Arbeitsstrukturen in NE-
        Metallgießereien. Dargestellt am Beispiel der Fertigungsinsel.
        Berlin u.a.: Springer, 1989.
        Zugl. Dissertation Universität Stuttgart, 1989

/13/   Lentes, H.-P.:
         Fertigungsinseln: Ein Weg zur Verbesserung der Industriearbeit,
         Steigerung der Produktivität, Verbesserungen der Arbeitsbedingungen,
         Erweiterung der Dispositionsspielräume.
         In: AWF-Fachtagung Fertigungsinseln, 6./7. Dezember 1988, Eschborn.
             Eschborn: AWF, 1988, S. 7-68.

/14/   Saak, V.:
         Ein Simulationsmodell zur Planung gruppentechnologischer
         Fertigungszellen.
         Berlin u.a.: Springer, 1982.
         Zugl. Dissertation Universität Stuttgart, 1982.

/15/   Schreiber, R. E.:
         Algorithmen zur flexiblen Gestaltung der kurzfristigen
         Fertigungssteuerung.
         Berlin u.a.: Springer, 1984.
         Zugl. Dissertation Universität Stuttgart, 1983.

/16/   Hallwachs, U.:
         Dezentrale Verantwortungsbereiche in der Produktion.
         Rahmen für Produktionskompetenz und Wertewandel.
         In: wt Produktion und Management 82 (1992), Nr. 5, S. 44-48.

/17/   Herzog, H.-H.:
         Ein Konzept für die Einzel- und Kleinserienfertigung.
         In: Technische Rundschau 78 (1986), Nr. 34, S. 23-25.

/18/   Fuhrberg-Baumann, J.; Müller, R.:
         Neugestaltung der Auftragsabwicklung. Beispiel: Mittelständischer
         Sondermaschinenhersteller.
         In: VDI-Z 133 (1991) Nr. 7, S. 52-57.

/19/   VDMA:
         Kennzahlenkompaß - Informationen für Unternehmer und
         Führungskräfte, Ausgabe 1982.
         Frankfurt am Main: Maschinenbau Verlag, 1982.

/20/   VDMA:
         Kennzahlenkompaß - Informationen für Unternehmer und
         Führungskräfte, Ausgabe 1986.
         Frankfurt am Main: Maschinenbau Verlag, 1986.

/21/   VDMA:
         Kennzahlenkompaß - Informationen für Unternehmer und
         Führungskräfte, Ausgabe 1990.
         Frankfurt am Main: Maschinenbau Verlag, 1990.

/22/   VDMA:
         Statistisches Handbuch für den Maschinenbau, Ausgabe 1973.
         Frankfurt am Main: Maschinenbau Verlag, 1973.

/23/   VDMA:
         Statistisches Handbuch für den Maschinenbau, Ausgabe 1984.
         Frankfurt am Main: Maschinenbau Verlag, 1984.

/24/   VDMA:
         Statistisches Handbuch für den Maschinenbau, Ausgabe 1992.
         Frankfurt am Main: Maschinenbau Verlag, 1992.

/25/   Fuhrberg-Baumann, J.:
         Dezentrale Organisationsstrukturen in den technisch indirekt-produktiven
         Unternehmensbereichen.
         In: Seminar Umstrukturierung der Produktion in Fertigungsinseln,
             VDI-Bildungswerk, 9./10. Dezember 1991, Basel, BW 1269.

/26/   Fuhrberg-Baumann, J.; Müller, R.:
         Integrierte Organisation sichert kurze Lieferzeiten und hohe Termintreue.
         In: Handelsblatt (1992) Nr. 68 (6. April 1992), S. 24.

/27/   Stommel, H. J.:
         Entwicklung eines Termin- und Kapazitätsplanungssystem für die AV.
         In: Hackstein, R. (Hrsg.):
             Einsatz neuer Technologien aus arbeits- und betriebsorganisatorischer
             Sicht.
             Köln: TÜV Rheinland, 1987, S. 152-168.

/28/   Drucker, P. F.:
         The Emerging Theory of Manufacturing.
         In: Harvard Business Review 68 (1990) Nr. 3, S. 94-102.

/29/   Wäscher, D.:
         Prozeßorientiertes Gemeinkosten-Controlling am Beispiel eines
         Maschinenbauunternehmens.
         In: Mayer, E. (Hrsg.):
             Der Controlling-Berater.
             Freiburg: Haufe, 1990, Heft 4, Gruppe 8, S. 623-654.

/30/   Bullinger, H.-J.:
         Neue Produktionsparadigmen als betriebliche Herausforderung.
         In: Warnecke, H. J.; Bullinger, H.-J. (Hrsg.):
             Innovative Unternehmensstrukturen.
             Berlin u.a.: Springer, 1992, S. 9-26.

/31/   Womak, J. P.; Jones, D. T.; Roos, D.:
         The Machine That Changed the World.
         New York: Rawson Associates, 1990.

/32/   Ladner, O.:
         Organisation und Rationalisierung in Dienstleistung und Verwaltung.
         In: REFA-Nachrichten 27 (1974), Nr. 4, S. 301-305.

/33/   Zangl, H.:
         Durchlaufzeiten in der Büroarbeit.
         Berlin: Schmidt, 1985.
         Zugl. Dissertation Hochschule der Bundeswehr München, 1984.

/34/   Reichwald, R.:
Integrative Arbeitswissenschaft und Arbeitsorganisation.
In: ZfA 34 (1982), Nr. 4, S. 224-229.

/35/   Kramer, R.:
Information und Kommunikation.
Betriebswirtschaftliche Bedeutung und Einordnung in die Organisation
der Unternehmung.
Berlin: Duncker & Humblot, 1965.

/36/   Sydow, J.:
Organisationsspielraum und Büroautomation.
Zur Bedeutung von Spielräumen bei der Organisation automatisierter
Büroarbeit.
Berlin, New York: de Gruyter, 1985.
Zugl. Dissertation Freie Universität Berlin, 1985.

/37/   Götzer, K. G.:
Optimale Wirtschaftlichkeit und Durchlaufzeit im Büro.
Ein Verfahren zur integrierten Optimierung der Büroinformations- und
-kommunikationstechnik.
Berlin u.a.: Springer, 1990.

/38/   Picot, A.; Reichwald, R.:
Bürokommunikation - Leitsätze für den Anwender.
München: CW-Publikationen, 1984.

/39/   Reich, A.:
Betriebswirtschaftliche Auswirkungen einer verzögerten
Informationsübermittlung.
München: Dissertation LMU München, 1982.

/40/ Paffenholz, B.:
Funktionsorientiertes Klassifikationsmodell zur quantitativen Analyse
arbeitsorganisatorischer Strukturen unter besonderer Berücksichtigung
von Fertigungsprozessen.
Aachen: Dissertation RWTH Aachen, 1973.

/41/ Zangemeister, C.:
Nutzwertanalyse in der Systemtechnik.
München: Wittemann'sche Buchhandlung, 1976, 4. Auflage.

/42/ Bleicher, K.:
Die Entwicklung eines systemorientierten Organisations- und
Führungsmodells.
In: zfo 39 (1970) Nr. 4, S. 166-176.

/43/ Witte, E.:
Ablauforganisation.
In: Handwörterbuch der Organisation.
     Stuttgart: Poeschel, 1969, Sp. 20-30.

/44/ Eickmeier, W.:
Methoden zur Abschätzung des wirtschaftlichen Erfolges von
Organisationsmaßnahmen.
Frankfurt am Main, Bern: Lang, 1983.

/45/ Auch, M.:
Menschengerechte Arbeitsplätze sind wirtschaftlich -
Wirtschaftlichkeitsvergleich und Arbeitssystemwertermittlung.
Eschborn: RKW, 1985.

/46/ Bullinger, H. J.; Auch, M.:
Bewertung von zukunftsorientierten Fertigungs-
systemen - Operationalisierung schwer quantifizierbarer Kriterien am
Beispiel einer Autospiegelfertigung.
In: wt 78 (1988) Nr. 11, S. 631-636.

/47/   Ludwig, J.:
       Der Nachweis der Wirtschaftlichkeit.
       In: AWF-Fachtagung Fertigungsinseln, 6./7. Dezember 1989, Eschborn.
            Eschborn: AWF, 1989, S. 423-440.

/48/   Hill, W.; Fehlbaum, R.; Ulrich, P.:
       Konzeption einer modemen Organisationslehre.
       In: zfo 43 (1974) Nr. 1, S. 4-16.

/49/   Jordt, A.; Gscheidle, K.:
       Logische Funktionen in der Ablauforganisation.
       In: zfo 41 (1972) Nr. 2, S. 59-68.

/50/   Fritz, K.:
       Planmäßige vorbeugende Instandhaltung von EDVA-Mitteln zur
       Steigerung der Verfügbarkeit.
       In: Rechentechnik / Datenverarbeitung 9 (1972) Nr. 3, S. 26-28.

/51/   Huska, A. M.:
       Organisationskybemetik.
       In: Industrielle Organisation 38 (1969) Nr. 7, S. 303-310.

/52/   Klussmann, G.:
       Wirtschaftlichkeit der Organisation.
       Stuttgart: Poeschel, 1970.

/53/   Thomas, W.:
       Entwicklung und Erprobung einer Methode zur Bestimmung der
       Wirtschaftlichkeit organisatorischer Maßnahmen in der
       Fertigungssteuerung.
       Dissertation RWTH Aachen, 1979.

/54/   Kettner, H.; Heinemeyer, W.:
         Ursache der Kapitalbindung im Fertigungsbereich.
         In: Hax K.; Pentzlin K.:
             Instrumente der Unternehmensführung.
             München: Hanser, 1973, S. 53-73.

/55/   Tränckner, J.-H.:
         Entwicklung eines prozeß- und elementorientierten Modells zur Analyse
         und Gestaltung der technischen Auftragsabwicklung von komplexen
         Produkten.
         Aachen: Dissertation RWTH Aachen, 1990.

/56/   Hinings, C. R.; Pugh, D. S.; Hickson, D. J.; Turner, C.:
         Ein Ansatz zur Analyse des Bürokratiephänomens.
         In: Grochla, E. (Hrsg.):
             Organisationstheorie.
             Stuttgart: Poeschel, 1975, 1. Teilband, S. 106-117.

/57/   Schnabel, B.:
         Beitrag zur Quantifizierung organisatorischer Einflußgrößen auf die
         Durchlaufzeit bei Werkstattfertigung.
         Aachen: Dissertation RWTH Aachen, 1975.

/58/   Nadzeyka, H.:
         Untersuchung von organisatorischen Einflüssen auf betriebliche
         Zielkriterien in der Einzel- und Kleinserienfertigung.
         Aachen: Dissertation RWTH Aachen, 1977.

/59/   Willmann, K.:
         Beitrag zur Wirtschaftlichkeitsanalyse unterschiedlicher
         Organisationsstrukturen, dargestellt am Beispiel der Fertigungssteuerung
         im Maschinenbau.
         Aachen: Dissertation RWTH Aachen, 1977.

/60/   Bredt, O.:
Die Betriebsuntersuchung - Wege und Formen.
Berlin, 1931.
Zitiert nach:
Kettner, H.; Heinemeyer, W.:
Ursache der Kapitalbindung im Fertigungsbereich.
In: Hax K.; Pentzlin K.:
     Instrumente der Unternehmensführung.
     München: Hanser, 1973, S. 53-73.

/61/   Bredt, O.:
Die rechnerische Erfassung der Arbeit im Bereiche der Herstellung.
In: Technik und Wirtschaft 33 (1940) Nr. 8, S. 173.

/62/   Heinemeyer, W.:
Durchlaufzeitanalyse als Grundlage für eine systematische
Rationalisierung im Maschinenbau.
In: Metall 26 (1972) Nr. 6, S. 603-612.

/63/   REFA:
Methodenlehre des Arbeitsstudiums.
Teil 2: Datenermittlung.
München: Hanser, 1973, 3. Auflage.

/64/   Heinemeyer, W.:
Die Analyse der Fertigungsdurchlaufzeit im Industriebetrieb.
Hannover: Dissertation TU Hannover, 1974.

/65/   Kettner, H. (Hrsg.); Bechte, W.; Bogner, U.; Buske, W.; Heinemeyer, W.;
Jendralski, J.; Kreutzfeldt, H.-F.; Kühnlein, P.; Leicht, J.; Sainis, P.;
Wegner, N.:
Neue Wege der Bestandsanalyse im Fertigungsbereich.
Methodik - Praktische Beispiele - EDV-Programmsystem.
Berlin: AFW der DGfB, 1976.

/66/   Sainis, P.:
Ermittlung von Durchlaufzeiten in der Werkstattfertigung aus Daten des
Fertigungsprogramms mit Hilfe der Warteschlangentheorie.
Hannover: Dissertation TU Hannover, 1975.

/67/   Paffenholz, B.:
Quantitative Analyse arbeitsorganisatorischer Strukturen mit Hilfe eines
neuentwickelten Klassifikationsmodells.
In: ZwF 67 (1972) Nr. 2, S. 73-79.

/68/   Bullinger, H. J.; Auch, M.:
Arbeitssystemwertanalyse.
Bremerhaven: Wirtschaftsverlag NW, 1988.

/69/   Grob, R.:
Erweiterte Wirtschaftlichkeits- und Nutzenrechnung.
Köln: TÜV Rheinland, 1983.

/70/   Goldenberger, K.:
Wirtschaftlichkeit von integrierten Organisationsstrukturen.
Stuttgart: Diplomarbeit am Lehrstuhl für Fertigung und Fabrikbetrieb,
Universität Stuttgart, 1991.

/71/   Schnabel, B.; Willmann, K.:
Wirtschaftlichkeit von Organisationsstrukturen.
In: ZwF 71 (1976) Nr. 12, S. 551-554.

/72/   Schnabel, B.:
Darstellung einer Methode zur Ermittlung des Einflusses der
Ablauforganisation auf die Fertigungsdurchlaufzeit.
In: ZwF 69 (1974) Nr. 3, S. 111-114.

/73/   Matthée, G.:
Die Beschleunigung des Fertigungsflusses im Werkzeugmaschinenbau.
In: wt 52 (1962) Nr. 9, S. 462-472.

/74/   Tully, H.:
         Fertigungssteuerung im Werkzeugmaschinenbau.
         In: wt 53 (1963) Nr. 9, S. 435-442.

/75/   Weber, G.:
         Untersuchungen zur Ablaufplanung bei Einzel- und Kleinserienfertigung.
         Aachen: Dissertation RWTH Aachen, 1965.

/76/   Stommel, H. J.; Kunz, D.:
         Untersuchung über Durchlaufzeiten in Betrieben der metallverarbeitenden
         Industrie mit Einzel- und Kleinserienfertigung.
         Forschungsberichte des Landes Nordrhein-Westfalen, Nr. 2355.
         Opladen: Westdeutscher Verlag, 1973.

/77/   Hackstein, R.; Nadzeyka, H.:
         Bewertung von Organisationsstrukturen.
         In: FB/IE 26 (1977) Nr. 5, S. 295-302.

/78/   Hackstein, R.; Willmann, K.:
         Wirtschaftlichkeitsanalyse von Organisationsstrukturen in der
         Fertigungssteuerung - Untersuchung in 11 Maschinenbauunternehmen.
         In: ZwF 74 (1979) Nr. 2, S. 50-59.

/79/   Zangl, H.:
         Transparenz der Zusammenhänge im Büro, Durchlaufzeitenanalyse
         (DZA) zur Untersuchung und Gestaltung von Arbeitsabläufen.
         In: Bullinger, H. J. (Hrsg.):
             Informationsmanagement für die Praxis.
             Berlin u.a.: Springer, 1986, S. 223-240.

/80/   Niemeier, J.:
         Analyse- und Gestaltungsmethoden für den Bürobereich.
         In: Bullinger, H. J. (Hrsg.):
             Handbuch des Informationsmanagements im Unternehmen.
             München: 1991, C. H. Beck'sche Verlagsbuchhandlung, Band II,
             S. 925-966.

/81/ Schönecker, H. G.; Nippa, M. (Hrsg.):
Neue Methoden zur Gestaltung der Büroarbeit - Computergestützte
Organisationshilfen für die Praxis.
München: FBO, 1987.

/82/ Krallmann, H.; Feiten, L.; Hoyer, R.; Kölzer, G.:
Konzeption der Kommunikations-Struktur-Analyse.
Berlin: Interner Bericht TU Berlin, 1986.
Zitiert nach:
Niemeier, J.; Ness, A. J.; Reim, F.:
Werkzeuge zum Entwurf von verteilten Informationssystemen im Büro -
State-of-the-Art und Ansätze zur Methodenintegration.
In: Wagner, R. R.; Traunmüller, R.; Kepler, J.; Mayr H. C. (Hrsg.):
Informationsbedarfsermittlung und -analyse für den Entwurf von
Informationssystemen.
Berlin, Heidelberg: Springer, 1987, S. 201-226.

/83/ Hein, K. P.:
Information System Model and Architecture Generator.
In: IBM Systems Journal 24 (1985) Nr. 3 / 4, S. 213-235.

/84/ Niemeier, J.:
Methoden zur Planung und Gestaltung von
Bürokommunikationssystemen.
Darstellung, Vergleich und Einsatzmöglichkeiten.
In: Handbuch der modernen Datenverarbeitung 24 (1987) 136, S. 19-40.

/85/ Huber, H.; Niemeier, J.:
CIM und Bürokommunikation: Planung gesamtbetrieblich integrierter
Informationssysteme.
In: FhG-Berichte (1988) Nr. 2, S. 35-39.

/86/ Groß, M.:
Planung der Auftragsabwicklung komplexer, variantenreicher Produkte.
Aachen: Dissertation RWTH Aachen, 1990.

/87/   Müller, S.:
        Prozeßorientierte Auftragsabwicklung.
        In: Kundenorientierte Auftragsabwicklung: Lean Production für
            Kleinserienhersteller, WZL-Seminar, 6. Mai 1992.

/88/   Riebel, P.:
        Ansätze und Entwicklungen des Rechnens mit relativen Einzelkosten und
        Deckungsbeiträgen.
        In: KRP 28 (1984), S. 173-178, S. 215-220.

/89/   Korte, J. R.:
        Verfahren der Wertanalyse.
        Berlin: Schmidt, 1977.

/90/   Ruf, W.:
        Die Grundlagen des betriebswirtschaftlichen Wertbegriffs.
        Bern: Dissertation Universität Bern, 1955.

/91/   Engels, W.:
        Betriebswirtschaftliche Bewertungslehre im Lichte der
        Entscheidungstheorie.
        Köln, Opladen: Westdeutscher Verlag, 1962.

/92/   Löw, A.:
        Die häufigsten Fehler bei Wirtschaftlichkeitsrechnungen.
        In: KRP 22 (1978), Nr. 1, S. 33-41.

/93/   Riebel, P.:
        Ertragsbildung und Ertragsverbundenheit im Spiegel der Zurechenbarkeit
        von Erlösen.
        In: Riebel, P. (Hrsg.):
            Beiträge zur betriebswirtschaftlichen Ertragslehre.
            Opladen: Westdeutscher Verlag, 1971.

/94/   Mehringer, K. K.:
         Strukturkostenanalyse im indirekt-produktiven Bereich eines
         mittelständischen Unternehmens.
         Stuttgart: Diplomarbeit am Lehrstuhl für Arbeitswissenschaft und
         Technologiemanagement, Universität Stuttgart, 1991.

/95/   Schweizer, O.:
         Ermittlung und Analyse der Durchlaufzeiten im direkt- und indirekt-
         produktiven Bereich eines mittelständischen Unternehmens.
         Stuttgart: Studienarbeit am Lehrstuhl für Arbeitswissenschaft und
         Technologiemanagement, Universität Stuttgart, 1992.

/96/   Gutenberg, E.:
         Grundlagen der Betriebswirtschaftslehre.
         Erster Band: Die Produktion.
         Berlin u.a.: Springer, 1979, 23. Auflage.

/97/   Horváth, P.:
         Controlling.
         München: Vahlen, 1986, 2. neubearbeitete Auflage.

/98/   Schweitzer, M.; Hettich, G. O.; Küpper, H.-U.:
         Systeme der Kostenrechnung, 3. Auflage.
         Landsberg: Verlag Moderne Industrie, 1983.

/99/   Riebel, P.:
         Die Fragwürdigkeit des Verursacherprinzips im Rechnungswesen.
         In: Layer, M.; Strebel, H. (Hrsg.):
              Rechnungswesen und Betriebswirtschaftspolitik.
              Berlin: Schmidt, 1969.

/100/   Müller, R.:
         Einführung integrierter Organisationsstrukturen bei der Fa. EKATO.
         In: Tagungsband zum 2. IAO-Forum "Kundenorientierte Produktion -
              Wettbewerbsfaktor Arbeitsorganisation", 12./13. Mai 1993, Stuttgart.
              Stuttgart: IAO, 1993, S. 87-107.

/101/   o.V.:
          MacDraw II.
          Mountain View: CLARIS Corporation, 1988.

/102/   Janson, A.:
          Die beiden Datenbanksysteme dBase II und III.
          München: Franzis, 1986.

/103/   o.V.:
          Microsoft Excel - Fortschrittliches Tabellenkalkulationsprogramm mit
          Geschäftsgrafik und Datenbank.
          Irland: Microsoft Corporation, 1989.

/104/   Eversheim, W.; Barg, A.; Böhmer, D.; Tränckner, J.-H.; Sehner, W.:
          Auftragsabwicklung in der Einzel- und Kleinserienproduktion.
          In: VDI-Z 132 (1990) Nr. 8, S. 79-82.

/105/   Thomas, W.:
          Kostenfaktor "indirekte Bereiche".
          In: AWF-Fachtagung Produktivität und Entlohnung,
              13./14. September 1990, Berlin.
              Eschborn: AWF, 1990, S. 159-187.

Anhang A: Ermittlung von Informations- und Auftragsfluß

Mit Hilfe von Informationsfluß-Diagrammen, einer erweiterten Form von Flußdiagrammen, die in der Software-Entwicklung zur graphischen Beschreibung von EDV-Programmen Verwendung finden, läßt sich der Auftrags- und Informationsfluß schnell erfassen und aufzeigen. Die Informationsflüsse werden mit Hilfe fest definierter graphischer Symbole, den Informationsfluß-Elementen, beschrieben. Bild A.1 zeigt eine Auswahl möglicher Informationsfluß-Elemente. Je nach Bedarf sind - insbesondere zur Beschreibung der eingesetzten Informationsmedien - weitere Elemente (z.B. EDV-Bildschirm, Telefon, etc.) zu ergänzen.

Die Erstellung der Informationsfluß-Diagramme erfolgt in mehreren Iterationsschritten. Zunächst wird auf Experten- und Sachbearbeiterebene für jeden Fachbereich individuell der Auftragsdurchlauf erarbeitet. Im nächsten Schritt wird dieser Entwurf im Kreis der Führungskräfte diskutiert und gegebenenfalls modifiziert. Die modifizierten Diagramme werden nochmals in der Expertenrunde überarbeitet und erneut den Führungskräften vorgelegt. Das Verfahren iteriert solange, bis die vollständigen Abläufe im Untersuchungsbereich bekannt sind und Diagramme für alle den Auftragsdurchlauf tangierenden Bereiche existieren. Üblicherweise steht das Ergebnis nach zwei bis drei Iterationsschleifen fest.

Den Bereichsschnittstellen ist bei der Erstellung der Diagramme besondere Beachtung zu schenken. Gerade an diesen Schnittstellen treten häufig Reibungsverluste im Auftrags- und Informationsfluß auf. Eine mögliche Ursache hierfür ist beispielsweise gegeben, wenn mehrere Fachbereiche für die gleiche Information unterschiedliche Arbeitspapiere verwenden. Dies führt in der Regel zu Informationsverlusten aufgrund nicht adressatengerechter Informationsaufbereitung und damit zu Fehlern bei der Übertragung der Informationen in andere, bereichsspezifische Arbeitspapiere. Außerdem besteht an diesen Stellen die Gefahr, daß Informations- und Auftragsflüsse abrupt enden.

Das Beispiel eines Informationsflußdiagramms in Bild A.2 zeigt den Auftragsdurchlauf durch einen Teilbereich der Arbeitsvorbereitung eines Maschinen- und Anlagenbau-Unternehmens /18/.

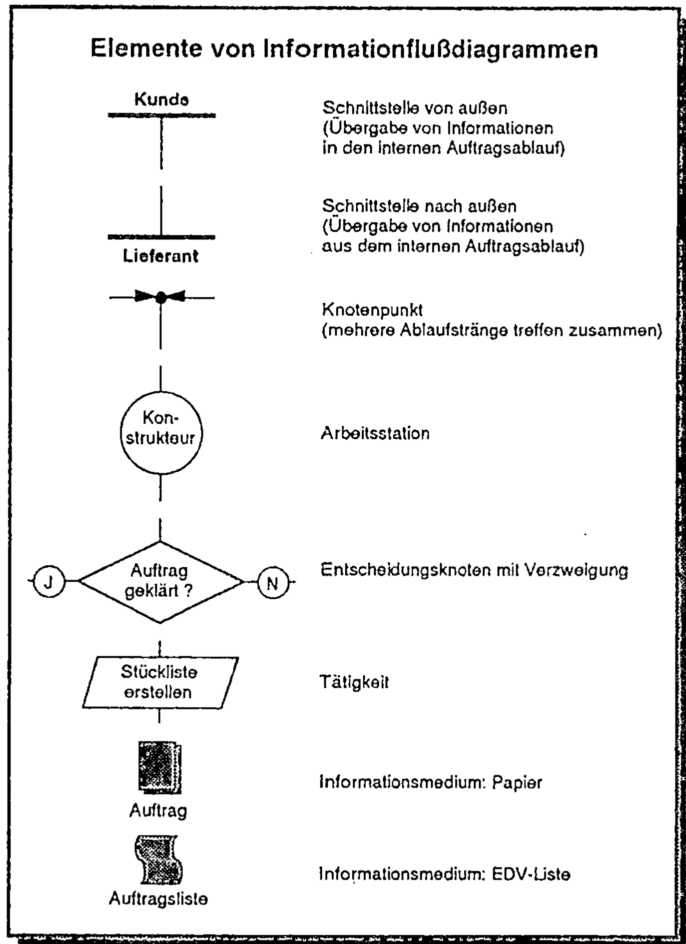

Bild A.1: Elemente von Informationsfluß-Diagrammen

Zur Abbildung und Analyse der Auftrags- und Informationsflüsse lassen sich außer der vorgestellten Diagramm-Technik noch weitere Methoden aus dem Bereich des Software-Engineerings einsetzen. In der Literatur finden sich Beispiele, wo Informationsfluß-Analysen mit Hilfe der Structured Analysis and Design Technique (SADT) durchgeführt wurden /104/. Der Nachteil dieser Methoden ist in der ungewohnten,

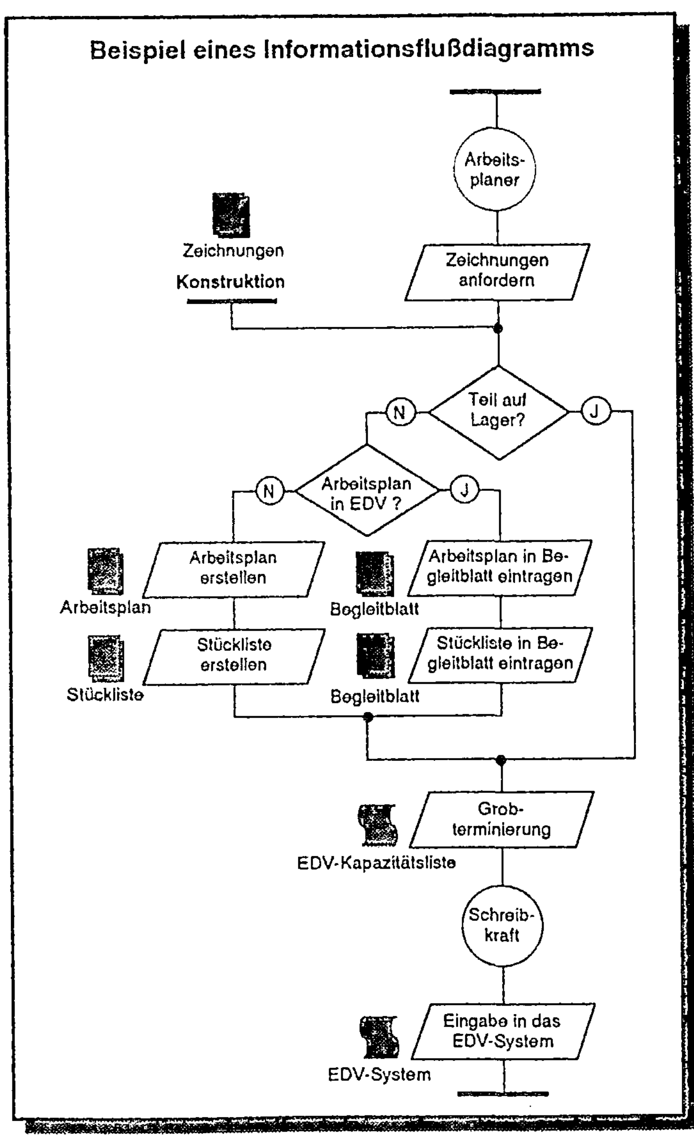

Bild A.2: Beispiel eines Informationsflußdiagramms für die
Arbeitsvorbereitung

abstrakten Darstellungsform zu sehen, die für den Praktiker schnell unübersichtlich wird. Zudem ist ohne eine geeignete Rechnerunterstützung - in Form eines komplexen CASE-Werkzeuges - der Einsatz dieser Technik nicht möglich.

Die gleichen Aussagen lassen sich auch bezüglich anderer CASE-Methoden treffen. Selbst einfache Instrumente, wie Struktogramme, sind in ihrer Darstellungsform für den praktischen Einsatz zu abstrakt. Sie sind deshalb in der praktischen Anwendung ebenfalls nur begrenzt verwendungsfähig.

Anhang B: Erfassung von Bearbeitungs- und Liegezeiten

B.1   Erfassungsmethode

Zur Erfassung der Durchlaufzeitdaten lassen sich grundsätzlich zwei unterschiedliche Verfahren anwenden:

- **Erfassung von vollständigen Auftragsdurchläufen**

  Zu Beginn des Untersuchungszeitraums bzw. bei Eingang eines Auftrags in den Untersuchungsbereich wird das Erfassungsformular dem Auftrag mitgegeben. Das Formular begleitet den Auftrag während des gesamten Bearbeitungsprozesses und wird beim Verlassen des Untersuchungsbereichs bzw. am Ende des Untersuchungszeitraums eingesammelt.

  Vorteil dieser Vorgehensweise ist, daß anhand solcher Auftragsbegleitkarten eine lückenlose Rekonstruktion des Auftragsdurchlaufs möglich ist. Die Methode kann allerdings nur angewendet werden, wenn die zu erfassenden Auftragsdurchläufe geradlinig sind, d.h. es darf im Bearbeitungsprozeß keine Parallelarbeit auftreten. Ein weiterer Nachteil der Methode ist der hohe Zeitbedarf der Erhebung. Insbesondere bei langen Durchlaufzeiten, wie sie üblicherweise in der Einzel- und Kleinserienfertigung auftreten, sind fundierte Aussagen über den gesamten Auftragsdurchlauf erst nach einigen Monaten möglich.

- **Erfassung der Auftragsdurchläufe an einzelnen Arbeitsstationen**

  An jeder Arbeitsstation werden die ein- und ausgehenden Aufträge im Untersuchungszeitraum in Form von Selbstaufschrieben der Mitarbeiter erfaßt. Die Datenerfassung startet und endet an allen Arbeitsstationen gleichzeitig. Der vollständige Auftragsdurchlauf wird durch Zusammenfügen mehrerer gemittelter Teildurchläufe ermittelt.

  Mit Hilfe der Selbstaufschrieb-Methode lassen sich bereits nach kurzer Zeit Ergebnisse aufzeigen, da vollständige Abläufe nicht erfaßt werden müssen. Ein Nachteil des Verfahrens ist aber, daß Lücken in der Datenerfassung nicht

immer erkannt werden. Außerdem ist die Rekonstruktion des Auftragsdurchlaufs in der Regel mit erheblichen Aufwänden verbunden.

B.2 Zu erfassende Durchlaufzeitdaten

Aus den an den einzelnen Arbeitsstationen zu erfassenden Daten müssen Liege-,
Transformations-, Haupt- und Nebendurchführungszeiten bestimmt werden. Außer-
dem ist anhand der erhobenen Daten die Einordnung der einzelnen Zeitdaten in die
Auftragsnetzpläne durchzuführen. Beispiele für geeignete Erfassungsformulare zur
Ermittlung von Liege-, Transformations- und Bearbeitungszeiten sind in Bild B.1
(Auftragsbegleitkarte) und Bild B.2 (Selbstaufschrieb) zu sehen.

Auftragsbegleitkarte

Auftragsnummer: ....

Arbeitsplatz	Kostenstelle	Erhalten		Beginn der Bearbeitung (Datum)	Weitergegeben		Tätigkeit	Besonderheiten
		Datum	von		Datum	an		

Bild B.1:   Datenerfassung in einer Auftragsbegleitkarte

Selbstaufschrieb

Arbeitsplatz: .... Kostenstelle: ....

Auftragsnummer	Erhalten		Beginn der Bearbeitung (Datum)	Weitergegeben		Tätigkeit	Besonderheiten
	Datum	von		Datum	an		

Bild B.2:   Datenerfassung in einem Selbstaufschrieb

Die mit den Formularen zu erfassenden Informationen sind von den charakteristischen Durchlaufzeitanteilen im Bild 3.4 abgeleitet:

- **Auftragsnummer**
  Die "Auftragsnummer" identifiziert den Auftrag eindeutig.

- **Arbeitsplatz**
  Das Feld "Arbeitsplatz" hält den Mitarbeiter fest, der den Auftrag an einer Arbeitsstation bearbeitet hat. Als Kennung können die betriebsinternen Mitarbeiter-Kurzzeichen, Telefonnummern, Namen etc. verwendet werden.

- **Kostenstelle**
  Der Eintrag "Kostenstelle" definiert die Organisationseinheit, die von einem Auftrag durchlaufen wird. Sofern die Arbeitsplatz-Kennung eindeutig ist und von allen Mitarbeitern korrekt ausgefüllt wird, kann auf die Erhebung dieser Information verzichtet werden. Erfahrungen aus der Praxis haben

aber gezeigt, daß zur Vermeidung von Auswertungsfehlern auf die Eintragung der Kostenstelle nicht verzichtet werden sollte.

- **Erhalten Datum**
  In diesem Feld ist das Eingangsdatum eines Auftrags an einer Arbeitsstation einzutragen.

- **Erhalten von**
  Die im Ablauf vorgelagerte Arbeitsstation, die den Auftrag an die aktuelle Arbeitsstation geschickt hat, wird entweder durch Angabe des Mitarbeiter-Kurzzeichens oder der Kostenstelle festgehalten.

- **Beginn der Bearbeitung (Datum)**
  Am Bearbeitungsbeginn fängt eine Arbeitsstation mit der Bearbeitung des Auftrags (inklusive Nebendurchführungszeiten) an.

- **Weitergegeben Datum**
  In diesem Feld ist das Ausgangsdatum des Auftrags zu vermerken. Dabei wird davon ausgegangen, daß Bearbeitungsende und Zeitpunkt der Auftrags-Weitergabe identisch sind.

- **Weitergegeben an**
  Die Arbeitsstation, an die der Auftrag weitergeleitet wird, wird durch Angabe des Mitarbeiter-Kurzzeichens oder der Kostenstelle festgehalten.

- **Tätigkeit**
  Das Feld dient zur Identifizierung der Tätigkeit, wenn die Arbeitsstation mehrfach im Auftragsdurchlauf eingebunden ist. Als Identifizierungsmerkmal wird die Netzplan-Kennziffer aus dem Tätigkeitskatalog verwendet.

- **Besonderheiten**
  Unregelmäßigkeiten im Auftragsdurchlauf - z.B. Eilaufträge, außerplanmäßige Liegezeiten, fehlende Informationen etc. - sind ebenso wie auftragsspezifische Tätigkeiten - z.B. Einplanung des Auftrags in KW 34 - im Feld "Besonderheiten" zu notieren. Durch die Erfassung dieser Zusatzinformationen wird die spätere Datenauswertung erleichtert.

B.3   Untersuchungszeitraum

Der Untersuchungszeitraum hängt stark von Auftragsmenge und -struktur im untersuchten Unternehmen ab. Er darf vor allem beim Selbstaufschrieb-Verfahren nicht zu klein gewählt werden. Die Arbeitsstation mit der längsten Durchlaufzeit ist der kritische Parameter zur Bestimmung des Untersuchungszeitraums. Sie bestimmt die Mindest-Laufzeit der Analyse, weil sonst ihre Durchlaufzeiten über einen repräsentativen Zeitraum nicht erfaßt werden können. Ein kürzerer Erfassungszeitraum ist nur dann möglich, wenn an der kritischen Arbeitsstation fehlende Daten aus anderen Quellen, z.B. aus BDE- oder PPS-Systemen, ergänzt werden können.

Bei der Festlegung des Zeitraums ist außerdem zu beachten, daß eine repräsentative Anzahl von Aufträgen betrachtet wird. Diese sollten in der Stichprobe mit ihrer durchschnittlichen Zusammensetzung (charakteristisches Auftragsmix) enthalten sein. Außerdem ist zu beachten, daß es aus statistischen Überlegungen heraus wünschenswert ist, wenn von jeder zu erfassenden Auftragsart an den einzelnen Arbeitsstationen Daten von mindestens 30 bis 40 Aufträgen erfaßt werden. Nur dann sind die gewonnenen Aussagen fundiert genug, um konkrete Aussagen ableiten zu können. Bei einer jährlichen Auftragszahl von 1.000 Aufträgen einer Auftragsart bedeutet dies die Erfassung eines zweiwöchigen Auftragseingangs.

Die Definition des Untersuchungszeitraums muß außerdem klären, welche Aufträge am Beginn und Ende der Untersuchung zu berücksichtigen sind. Hierbei sind vier verschiedene Festlegungen möglich (Bild B.3) /in Anlehnung an 62/:

- **abgeschlossener Untersuchungszeitraum**
  Es werden alle im Untersuchungszeitraum begonnenen und abgeschlossenen Aufträge erfaßt.

- **beginnoffener Untersuchungszeitraum**
  Es werden alle im Untersuchungszeitraum abgeschlossenen Aufträge erfaßt.

- **abschlußoffener Untersuchungszeitraum**
  Es werden alle im Untersuchungszeitraum begonnenen Aufträge erfaßt.

- **offener Untersuchungszeitraum**

  Es werden alle im Untersuchungszeitraum begonnenen oder abgeschlossenen Aufträge erfaßt.

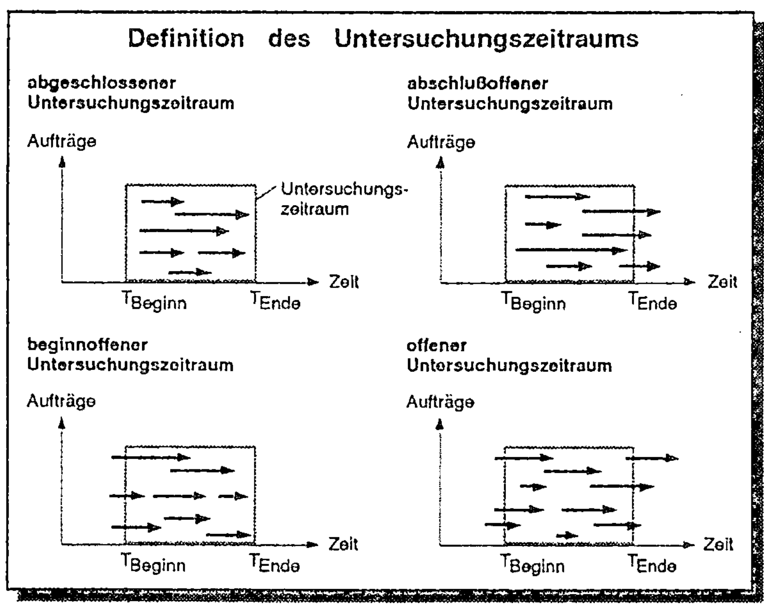

Bild B.3: Mögliche Definitionen des Untersuchungszeitraums

Werden bereits erhobene Daten zur Auswertung herangezogen, so kann zwischen
den vier möglichen Definitionen frei gewählt werden. Bei Durchführung einer ausschließlich für die Durchlaufzeit-Bewertung bestimmten Datenerhebung ergibt sich
beim offenen und beginnoffenen Untersuchungsbereich die Notwendigkeit, daß für
Aufträge, deren Auftragseingang vor Untersuchungsbeginn liegt, nachträglich die
fehlenden Zeitdaten ergänzt werden müssen. Die Datenergänzung ist vor allem in
Unternehmen mit fehlender oder lückenhafter Auftragsverfolgung nur mit erheblichen Rekonstruktionsaufwänden möglich, weshalb die Festlegung des Untersuchungszeitraums nach einer dieser beiden Definitionen nicht immer empfehlens-
wert ist.

Anhang C: Erfassung von Haupt- und Nebendurchführungszeiten

C.1 Erfassungsmethode

Die Erhebung der Nebendurchführungszeitfaktoren kann auf zwei Arten erfolgen:

- **Expertenbefragung**

  Soll die Erhebung mit möglichst geringem Aufwand durchgeführt werden, können in einer Expertenbefragungen sehr schnell die Zeitfaktoren im Untersuchungsbereich erhoben werden. Nachteil dieses ausschließlich auf Interviewtechnik basierenden Verfahrens ist, das die ermittelten Daten lediglich die subjektiven Einschätzungen der befragten Experten spiegeln und damit in der Regel sehr ungenau sind.

- **Selbstaufschrieb**

  Als zweite Methode bietet sich ein Selbstaufschrieb-Verfahren an, daß oft im Rahmen einer Gemeinkosten-Wertanalyse eingesetzt wird /105/. Die Methode startet mit einer umfangreichen Vorstudie, in der für jede Arbeitsstation ausführliche Tätigkeitskataloge erstellt werden, in der jede Tätigkeit einen eindeutigen Schlüssel erhält. Zusätzlich müssen diese Tätigkeiten eindeutig einer der vier Durchlaufzeitklassen zugeordnet sein. Jeder Mitarbeiter im Untersuchungsbereich trägt dann während des Untersuchungszeitraums seine Aufwendungen für unterschiedliche Tätigkeiten an seinem Arbeitsplatz in ein Selbstaufschrieb-Formular ein.

  Vorteil der Selbstaufschrieb-Methode ist die Genauigkeit und Objektivität, mit der der Anteil der Nebendurchführungszeiten ermittelt werden kann. Subjektive Einschätzungen von Einzelpersonen spielen dabei keine Rolle. Nachteil des Verfahrens ist, daß die Durchführung der Analyse einen erheblichen Erfassungs- und Analyseaufwand erfordert. Es ist deshalb vor dem Einsatz der Selbstaufschrieb-Methode zu überprüfen, ob diesem Aufwand auch ein adäquater Nutzen entgegensteht.

C.2   Zu erfassende Tätigkeitsdaten

Im Bild C.1 ist ein Beispiel für ein Formular der Selbstaufschrieb-Methode zu sehen. In dem Formular trägt jeder Mitarbeiter die von ihm ausgeübten Tätigkeiten in einem 10-Minuten-Raster ein. Mit Hilfe des Nummernschlüssels aus dem Tätigkeitskatalog differenziert er zwischen unterschiedlichen Tätigkeiten. Pausenzeiten kennzeichnet er durch ein großes "X". Bei Tätigkeiten, die sich über einen längeren Zeitraum erstrecken, genügt die Angabe der Tätigkeitsnummer am Anfangs- und Endzeitpunkt sowie die Verbindung zwischen den Zeitpunkten durch einen Strich. Zeiträume vor und nach der Arbeitszeit (einschließlich Überstunden) werden durch einen Schrägstrich gekennzeichnet.

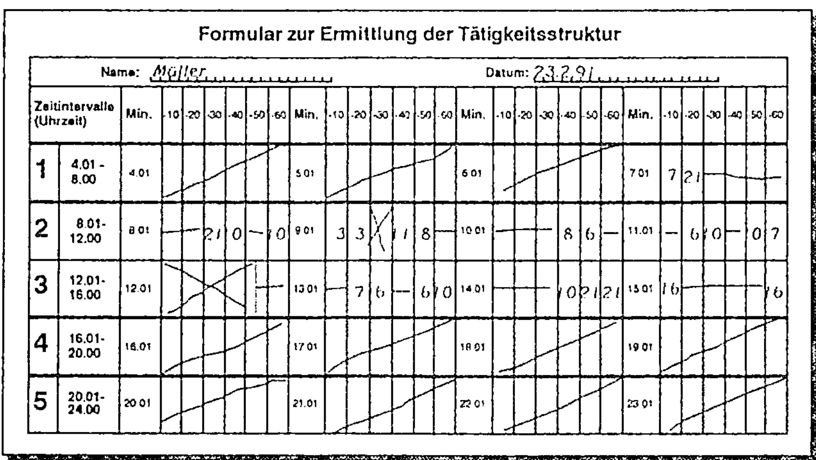

Bild C.1:   Selbstaufschriebs-Formular zur Ermittlung der Tätigkeitsstruktur an einer Arbeitsstation /105/

Die Auswertung der Datenerhebung liefert in Form von Prozentangaben (z.B. für die Tätigkeit "10" aus dem Tätigkeitskatalog wird 13,5 % der verfügbaren Arbeitszeit benötigt) die vollständige Tätigkeitsstruktur an jeder Arbeitsstation. Durch Zusammenfassung der Tätigkeiten, die zur Klasse der Nebendurchführungszeiten zählen, läßt sich nun der Nebendurchführungszeitfaktor ermitteln.

C.3   Untersuchungszeitraum

Wird das Selbstaufschrieb-Verfahren zur Erfassung von Haupt- und Nebendurchführungszeiten parallel zur Durchlaufzeit-Erhebung angewendet, so kann dies zu
einer erheblichen Zusatzbelastung der Mitarbeiter im Untersuchungsbereich und zu
einem enormen zusätzlichen Auswertungsaufwand führen. Es ist deshalb auf jeden
Fall vor dem Einsatz der Selbstaufschrieb-Methode zu überlegen, ob dieser Aufwand
nicht durch Vor- oder Nachziehen der Analyse reduziert werden kann.

Die Trennung der beiden Analysen bietet sich auch schon deshalb an, weil bei der
Erfassung der Haupt- und Nebendurchführungszeiten bereits ein verhältnismäßig
kurzer Untersuchungszeitraum aussagekräftige Ergebnisse ermöglicht. In vielen
Fällen reicht aus diesem Grund eine ein- bis zweiwöchige Analyse-Laufzeit völlig
aus.

Anhang D: Vorarbeiten zur Quantifizierung

D.1   Abbildung des Auftragsdurchlaufs

Aus den Informationsfluß-Diagrammen (Anhang A) lassen sich durch einfache Datenreduktionen Auftragsnetzpläne herleiten, in denen lediglich der Fluß der Informationen innerhalb und außerhalb der Fachbereiche sowie zwischen den verschiedenen, im Auftragsdurchlauf eingebundenen Arbeitsstationen aufgezeigt wird. Dabei erhält jeder Netzplan-Knoten eine Kennziffer, die ihn eindeutig identifiziert. Gleichzeitig werden seine Arbeitsinhalte als Bearbeitungs- ("B") oder Transformationstätigkeiten ("T") eingestuft. Die Auftragsnetzpläne erleichtern im späteren Verlauf der Durchlaufzeit-Bewertung die Einordnung der erhobenen Daten in den Gesamtablauf.

Das Bild D.1 zeigt beispielhaft den Auftragsnetzplan, der sich aus der Datenreduktion des Ablaufs von Bild A.2 ergibt. Der Arbeitsstationen "Arbeitsplaner" wurde dabei die Kennziffer "1", der "Schreibkraft" die Kennziffer "2" zugeordnet. Auf diese Weise entsteht für jede Arbeitsstation ein Tätigkeitskatalog, sofern sie mehrfach im Auftragsdurchlauf eingebunden ist (Bild D.2).

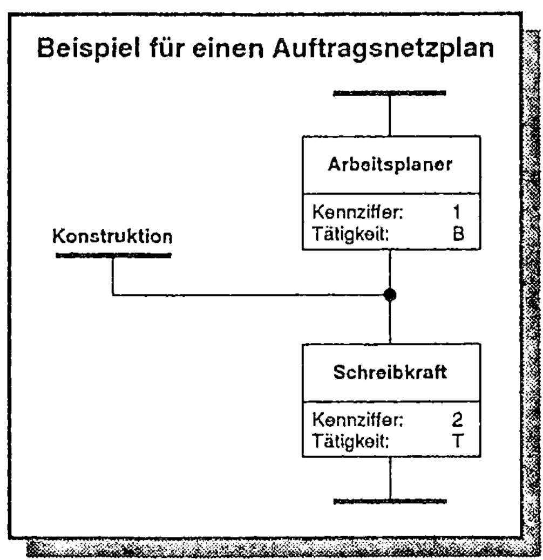

Bild D.1:   Beispiel für einen Auftragsnetzplan

<table>
<tr><td colspan="3" align="center">Tätigkeitskatalog</td></tr>
<tr><td colspan="3">Abteilung: Arbeitsplanung

Mitarbeiter: ⌊⌊⌊⌊⌊⌊⌊⌊⌊⌊⌊⌊⌊⌊⌊⌊⌊⌊⌊⌊⌊</td></tr>
<tr><td>Tätigkeits-Nr.</td><td>Tätigkeits-Art</td><td>Funktionsbeschreibung</td></tr>
<tr><td align="center">3</td><td align="center">B</td><td>Zeichnungen anfordern</td></tr>
<tr><td align="center">5</td><td align="center">B</td><td>Arbeitsplan erstellen</td></tr>
<tr><td align="center">6</td><td align="center">B</td><td>Stückliste erstellen</td></tr>
<tr><td align="center">9</td><td align="center">B</td><td>Arbeitsplan in Begleitblatt eintragen</td></tr>
<tr><td align="center">10</td><td align="center">B</td><td>Stückliste in Begleitblatt eintragen</td></tr>
<tr><td align="center">14</td><td align="center">B</td><td>Grobterminierung</td></tr>
</table>

Bild D.2: Beispiel für einen Tätigkeitskatalog in
der Arbeitsplanung

Bei der Bildung des Auftragsnetzplans wurden die Arbeitsinhalte des "Arbeitsplaner" als Bearbeitungszeit, die der Schreibkraft als Transformationszeit eingeschätzt. In dem Beispiel erfolgte die Einschätzung der Schreibkraft-Tätigkeit als Transformationszeit, weil der Arbeitsplaner anstatt der handschriftlichen Formblätter auch direkt eine Bildschirmmaske hätte ausfüllen können.

D.2 Einordnung der erfaßten Durchlaufzeiten

Die Einordnung der erfaßten Durchlaufzeitdaten in den Netzplan ist notwendig, wenn die Datenerhebung als Erfassung einzelner Arbeitsstationen (Selbstaufschrieb-Verfahren) durchgeführt wurde. Die Einordnung der stations- und auftragsbezogenen Daten in den Auftragsnetzplan ermöglicht das spätere Zusammenfassen von Teildurchläufen zu einem Gesamtdurchlauf. Auf diese Vorarbeit kann verzichtet werden, wenn als Methode zur Datenerhebung die Erfassung von Komplettabläufen (Auftragsbegleitkarte) gewählt wurde. In diesem Fall ist leistet bereits die Erfassungsmethode diese Vorarbeit.

Die Einordnung der Teildurchläufe geschieht entweder anhand der an den Arbeitsstationen erfaßten Tätigkeitskennziffern oder durch die Betrachtung von vor- und nachgelagerten Stationen im Auftragsdurchlauf. Wie in einem Puzzle bildet dann die Aneinanderreihung der einzelnen Auftragsdaten die Teildurchläufe im Untersuchungszeitraum ab. Durchlaufzeitdaten, die keiner Arbeitsstation im Netzplan zugeordnet werden können, sind als Sonderfälle des Auftragsbearbeitungsprozesses einzustufen. Sie können in der Regel wegen der niedrigen Stichprobengröße und der daraus resultierenden geringen statistischen Aussagefähigkeit nicht zur Quantifizierung herangezogen werden.

Aussagen über den vollständigen Auftragsdurchlauf werden durch Zusammenfügen mehrerer Aufträge der gleichen Auftragsart gewonnen. Existieren nach der Einordnung der Teilabläufe Lücken im Auftragsnetzplan, für die keine Durchlaufzeiten erfaßt sind, muß versucht werden, diese Lücken durch gezielte Auswertung anderer betrieblicher Informationsquellen zu schließen. Ist dies nicht vollständig möglich, müssen verbleibende Lücken entweder abgeschätzt oder durch zusätzliche Datenerhebungen geklärt werden.

Ergebnis der Einordnung ist eine Datenbank, in der alle erfaßten und für die Bewertung verwendbaren Daten enthalten sind. Ein Auszug dieser Datenbank zeigt das Bild D.3.

Ergebnis der Einordnung der einzelnen Durchlaufzeiten								
Kenn-ziffer	Mitarbeiter-kurzzeichen	Kosten-stelle	Auftrags-nummer	Erhalten am	Erhalten von	Beginn Arbeit	Weitergabe am	Weitergabe an
2	RAM	2100	20182	29.5.	NO	29.5.	29.5.	2130
2	Sch	2100	20183	29.5.	NO	29.5.	29.5.	2130
3	Maier	2100	20373	3.5.	PS	5.5.	29.5.	NO
3	2100	2100	11110	3.5.	PS	5.5.	29.5.	NO
3	RAM	2100	20374	3.5.	PS	5.5.	29.5.	MBr
3	RAM	2100	20375	3.5.	2050	5.5.	29.5.	Bu
4	Sekr	2100	10947	30.5.	AV-K	30.5.	30.5.	Versand
9	2100	2100	10847	30.5.	AS	31.5.	31.5.	Versand
9	Sch	2100	10896	30.5.	AS	31.5.	31.5.	Pu
10	Sch	2100	10855	30.5.	Versand	31.5.	31.5.	Ex
10	Sch	2100	10899	30.5.	Versand	31.5.	31.5.	Ex
10	Maier	2100	11077	30.5.	Versand	31.5.	31.5.	Ex ·
11	NO	2210	20362	28.5.	RAM	30.5.	30.5.	FL
11	Bu	2210	20413	28.5.	RAM	30.5.	30.5.	U
11	Bu	2210	20362	30.5.	We	30.5.	30.5.	Sch
11	Bu	2210	20372	30.5.	Fl		30.5.	Sch
17		2300	20100	27.5.			29.5.	Bu
			20101				29.5.	Pu

Bild D.3:   In den Auftragsablauf eingeordnete Durchlaufelemente

D.3   Modifikation der Daten

Für die EDV-gerechte, algorithmische Auswertung der Daten sind Modifikationen bezüglich der Arbeitsstation-Identifizierung und der Zeitangaben notwendig.

Beim Ausfüllen der Erfassungsformulare identifizieren die einzelnen Mitarbeiter die Arbeitsstationen durch sehr unterschiedliche Angaben. So werden in einer Datenerhebung oft Mitarbeiter-Kurzzeichen, Mitarbeiternamen, Abteilungsnamen oder Kostenstellenangaben parallel verwendet. Diese Vielfalt muß auf einen eindeutigen Schlüssel reduziert werden, der zudem die Zusammenfassung mehrerer gleichartiger Arbeitsstationen zu einer Station zuläßt. Der Schlüssel ersetzt die erfaßten Informationen der Felder "Arbeitsplatz", "Kostenstelle", "Erhalten von", "Weitergegeben an" und "Rückfragen an".

Desweiteren ist zur Auswertung erforderlich, daß die erfaßten Zeitdaten nicht als Jahreskalender- sondern als Betriebskalenderdaten abgelegt sind. Die Verwendung des regulären Jahreskalenders verfälscht die Durchlaufzeiten, wenn sich, wie im Maschinen- und Anlagenbau üblich, der Auftragsbearbeitungsprozeß über Wochenenden, Feiertagen sowie Betriebsferien hinzieht. Im Betriebskalenders sind dagegen die Arbeitstage im Unternehmen fortlaufend numeriert. Zwischen einem Freitag und einem Montag liegt damit kein weiterer Arbeitstag. Die Angaben in den Feldern "Erhalten am", "Beginn Bearbeitung" sowie "Weitergegeben am" wird deshalb durch die Numerierung des Betriebskalenders ersetzt.

IPA Forschung und Praxis

Schriftenreihe aus dem Institut für Produktionstechnik und Automatisierung, Stuttgart

Herausgeber: Prof. Dr.-Ing. H. J. Warnecke

Stufenweise Ableitung eines praktischen Planungssystems für den Entwicklungsbereich
Von R. Hichert. ISBN 3-7830-0149-8.
1978, 151 Seiten, kartoniert.   52.— DM

Produktionsplanung mit Auftragsfamilien
Von U. W. Geitner. ISBN 3-7830-0161.7.
1979, 110 Seiten, kartoniert.   45.— DM

Thermisch-chemisches Entgraten
Von T. Wagner. ISBN 3-7830-0164-1.
1979, 111 Seiten, kartoniert.   45.— DM

Untersuchung der Materialflußkosten bei ausgewählten Systemen der Zentralen Arbeitsverteilung
Von R. Wenzel. ISBN 3-7830-0162-5.
1979, 168 Seiten, kartoniert.   86.— DM

Anpassung und Einführung eines Planungssystems für die Ablaufplanung im Konstruktionsbereich
Von W. Dangelmaier. ISBN 3-7830-0163-3.
1979, 168 Seiten, kartoniert.   80.— DM

Längenmessungen an bewegten Teilen mit berührungslos wirkenden Aufnehmern
Von H. Lang. ISBN 3-7830-0157-9.
1979, 89 Seiten, kartoniert.   42.— DM

Untersuchung multistabiler Strömungselemente und ihr Einsatz in sequentiellen Steuerungen
Von A. Ernst. ISBN 3-7830-0157-9.
1979, 122 Seiten, kartoniert.   48.— DM

Taktile Sensoren für programmierbare Handhabungsgeräte
Von M. Schweizer. ISBN 3-7830-0158-7
1979, 91 Seiten, kartoniert.   42.— DM

Die rechnerunterstützte Prüfplanung
Von P. Blasing. ISBN 3-7830-0152-8.
1979, 100 Seiten, kartoniert.   44.— DM

Verfahren zur Fabrikplanung im Mensch-Rechner-Dialog am Bildschirm
Von W. Ernst. ISBN 3-7830-0156-0.
1979, 218 Seiten, kartoniert.   72.— DM

Rechnerunterstütztes Verfahren zur Leistungsabstimmung von Mehrmodell-Montagesystemen
Von M. Gorke. ISBN 3-7830-0155-2.
1979, 139 Seiten, kartoniert   50.— DM

Standortbezogene Betriebsmittel
Von G. Pflieger. ISBN 3-7830-0167-6.
1979, 127 Seiten, kartoniert.   52.— DM

Die betriebswirtschaftliche Beurteilung neuer Arbeitsformen
Von B.-H. Zippe. ISBN 3-7830-0168-4.
1979, 350 Seiten, kartoniert.   98.— DM

Untersuchung des Arbeitsverhaltens programmierbarer Handhabungsgeräte
Von B. Brodbeck. ISBN 3-7830-0169-2.
1979, 117 Seiten, kartoniert.   48.— DM

Untersuchung eines kohärent-optischen Verfahrens zur Rauheitsmessung
Von N. Rau. ISBN 3-7830-0174-9
1979, 117 Seiten, kartoniert.   48.— DM

Entwicklung einer programmierbaren, pneumatischen Steuerung
Von D. Klemenz. ISBN 3-7830-0171-4.
1979, 93 Seiten, kartoniert   42.— DM

IPA Forschung und Praxis

Berichte aus dem Fraunhofer-Institut für Produktionstechnik und Automatisierung, Stuttgart, und dem Institut für Industrielle Fertigung und Fabrikbetrieb der Universität Stuttgart

Herausgeber: Prof. Dr.-Ing. H. J. Warnecke

IPA-IAO Forschung und Praxis

Berichte aus dem Fraunhofer-Institut für Produktionstechnik und
Automatisierung (IPA), Stuttgart, Fraunhofer-Institut für Arbeitswirtschaft
und Organisation (IAO), Stuttgart, und Institut für Industrielle Fertigung
und Fabrikbetrieb der Universität Stuttgart

Herausgeber: Prof. Dr.-Ing. H. J. Warnecke und Prof. Dr.-Ing. H.-J. Bullinger

Die Bände sind im Erscheinungsjahr und in den folgenden drei Kalenderjahren zu beziehen durch den örtlichen Buchhandel oder durch Lange & Springer, Otto-Suhr-Allee 26-28, 10585 Berlin.